Safety Manual

JN055744

小学校
理科

観察・実験

セーフティ
マニュアル

大日本図書

はじめに

　第6学年のてこの学習で、児童が大型てこを扱いながら、手ごたえについて調べる活動があります。児童が熱心に探究的活動をする実験です。その実験中に、児童が大型てこの力のかかった「力点」部分から手を放し、その棒が勢いよく元に戻ったことで自身の顎を強打し、骨折を伴う事故が起きました。教科書には実験での取り扱いの注意が記載されていますが、教師は大けがが起きるまでとは思っていなかったようです。教師はてこの性質は理解していても、予備実験を行っていなかったため、どのような危険が起きるかを予見することができず、児童に安全指導を行っていませんでした。

　小学校の理科の授業は、単元によって危険を伴う観察、実験があるものと、安全なものがあると考えられがちですが、決してそうではなく、全単元において安全に留意すべき点があります。また、主体的な観察、実験活動が重視される中で、児童の安全面の確保は一層強く求められています。教師は観察、実験の効果的な指導の方策、及び教材研究を進めると同時に、単元ごとに起こりうる事故や安全指導についての理解も必要となります。

　教師に求められる安全指導は、単元ごとの自然事象に伴った危険に対する知識＝「自然科学的な安全面」と、観察、実験に取り組む児童への事故防止＝「理科教育的な安全面」の二つの視点があります。教材研究や予備実験を行う際には、この二点を踏まえて行っていきます。行うべき観察、実験等の活動の目的・位置づけ・想定される事故等を踏まえた綿密な実験計画や準備が理科の安全指導の大きな要素になります。教師は事前の計画に基づいて、観察、実験を自身で行い、器具類の点検、試薬や材料の種類と数量を確認しておくことが求められます。

　本書は、教科書をはじめ、教師用指導書や各種資料で紹介してきた安全に関するポイントを「自然科学的な安全面」と「理科教育的な安全面」で再構成しています。観察、実験に自信のない教師やこれから教師になる学生の方々にとっては、基礎的・基本的な事項をポイントで読み取れる紙面にし、研修等でも活用できるようにしています。また、観察、実験に熟達した経験豊富な教師にとっても、単元ごとの詳細な内容を再確認できる構成にしています。児童が主体的に活動でき、安全で楽しい理科学習を進められるように教師の視点が定まり、的確な助言ができる参考になれば幸いです。いつでも読み確認できるように、理科室（もしくは準備室）に常備あるいは携帯していただき、この冊子が有効に活用されることを期待しています。

2020年3月　編著者代表

目次

第3章　資料

第1章

安全な観察・実験を
行うための考え方と注意

安全な観察・実験を行うために

　理科学習では，児童の直接経験がますます重視され，活動が観察，実験，栽培，飼育，製作などのように広がってきています。そのため，器具の操作などに習熟させ，事故の防止に留意し，健康と安全に配慮する必要が生じてきます。

　そこで，理科の指導に先立って事故が起こりがちな学習活動を確認し，事故防止の具体策を考え，観察・実験などの活動が安全にできるように努めることが大切です。

　そのためには，教師は指導に臨む前に予備実験をし，野外観察においては事前調査を行い，危険を未然に防ぐようにします。また，実験においては，安全についての適切な指示を与え，絶えず児童の行動に注意を払い，安全に器具を操作しているかを確認します。さらに，薬品，器具などの管理保全に努めるようにします。

1－児童が自他の安全を守る態度を育てる

　児童の活動及び発達段階に合わせて，自他の安全を守る態度を育てていくことが必要です。具体的な場面を通して繰り返し活動させ，理解させていくようにします。

2－安全に配慮した指導計画を立案する

　教師が，児童の特性を十分に掌握しきっていないと思われる学年初めの野外観察での事故もあります。

　また，ゴム栓の穴にガラス管を通すという作業を行っていたときの事故もあります。実施する時期や児童の能力を考慮した指導計画を立てることが大切です。

3－予備実験，事前調査を必ず行う

　予備実験を行うことにより，児童にとって何が危険であり，そのための適切な指導はどうあるべきかを知ることができます。

　野外学習においては，引率教師が観察場所に慣れていても実施する時期の違いやその日の天候などの状況で，観察場所の様子は大きく変化してしまうことがあります。

そこで，観察・実験にあたっては予備実験を行うとともに，実験の準備について十分に検討しておきます。野外観察においては，必ず事前調査を行い，児童の安全を配慮した指導内容を検討し，適切な指示ができるよう明確にしておく必要があります。

4－観察・実験の内容を理解する

　「水よう液の性質」の単元では，水溶液に金属を入れて金属を溶かし，気体を発生させたり金属の表面の様子を変化させたりする実験があります。この学習では，水溶液には金属と触れ合うと金属を変化させるものがあるという「資質・能力」を育てることがねらいですから，興味本位で気体を多量に発生させるようなことをしてはいけません。

　観察・実験を十分に理解し，適切な指導を行うことが大切です。

5－児童一人ひとりを理解して指導する

　様々な事故例を見ると，自分勝手な行動や早く実験をしたいという意識などが事故の原因になっていることが多くあります。「目立ちたい」「自己中心的な行動」「競争意識」「性急な行動」などは，児童によく見られる特性です。このような児童の特性が事故の直接・間接的な原因になっていることもあります。

　教師は一人ひとりの児童の特性を把握し，個々の児童を理解し，学級全体を掌握していくことが事故防止の観点からも大きな意味があります。

6－薬品，器具の整備や整理・整頓を心がける

　観察や実験は器具等の準備が大切です。ひびが入っているビーカーに水を入れ，加熱して事故が起こった例もあります。日常から器具の整備を心がけるとともに，実験にあたっては，児童一人ひとりに安全な実験のための基礎を身につけさせることが必要です。

　また，実験中の机上の整頓や，観察・実験後の整理・整頓も大切なことです。

事故防止と児童への指導

　理科の学習における事故防止への配慮や指導においては，観察・実験を円滑に実施することだけではなく，児童が危険な事柄を理解し，注意深く行動できるようにすることが必要です。同時に，危険を予測し，危ないことは絶対に行わないという態度を育てていくことも求められます。

　また，観察・実験は理科学習の重要な活動です。事故を恐れて消極的になるのではなく，適切で確実な操作ができるようにし，積極的に活動できるようにすることが大切です。

1－児童の理解に基づく指導

　観察・実験にあたり安全に留意して行動する態度は，理科の学習時間だけで身につくものではありません。学校生活全般を通して繰り返し指導され，経験を重ねることによって身につくものです。

　児童は自然の事物・現象に対して興味・関心が高く，活動的です。好奇心から思わぬ行動をすることがあります。ここに，小学校に見られる事故の原因がひそんでいます。そこで，児童が安全に配慮し，進んで観察・実験が行えるようにするためには，児童の発達段階に応じて，次のことを重点に指導することが大切です。

○繰り返し指導する。

　具体的な場面で，活動を通して繰り返し理解させる。

○自らの安全を守る態度を育てる。

　安全に留意して観察・実験を行えたことで問題が解決したことを称賛し，安全を守る態度の大切さに気づかせる。

○児童理解に基づく指導を行う。

　なぜ危険なのか，なぜそうする方がよいのかを児童に応じて指導する。

２－事故につながりやすい児童の行動

　児童は生活経験や学習経験が少なく，危険であることを考えずに手を触れたり，はしゃぎすぎたりして事故を起こすことがあります。また，恐怖感や不安感が先に立って，事故を起こすこともあります。

　事故につながりやすい行動には，次のようなものがあります。

○自分勝手な操作をする。

○外見が同じ（特に外見が水と同じ）
　ような薬品は警戒しない。

○後片づけで集中力がなくなる。

○野外に出ると開放的になる。

○好奇心にひかれて慎重さを失う。

○緊張して慌てる。

○注意が多方面にいきわたらない。

○整理・整頓をしない。

3－事故事例

　理科の授業中における，障害見舞金が給付された事故事例には，以下のようなものがあります。

障害種	被災学年	性別	発生場所	発生状況
視力・眼球運動障害	第3学年	女	その他	理科の学習で種をビニールポットに植える学習をしていた。他の児童がビニールポットの底に入れる鉢の破片を小さくしようとして池の中の石に破片をぶつけた。その破片が跳ね返り，すぐ近くに座っていた本児童の左眼に当たった。
外貌・露出部分の醜状障害	第4学年	男	運動場・校庭（園庭）	理科の授業中，運動場で熱気球を飛ばす実験をしていた。黒いビニール袋に針金を通して熱気球を作り，皿に入れた脱脂綿にアルコールを浸し，火をつけ熱気球を飛ばした後，皿の中の脱脂綿が燃えるのを確認して，新しいアルコールを注ごうとしたところ，アルコールの缶に何らかの火種が引火して爆発し，その熱風を受けて全身に火傷を負った。
視力・眼球運動障害	第4学年	男	運動場・校庭（園庭）	運動場に出て自然観察をしていた。池の周りで児童2人が，穴に隠れていたイモリを救出しようと，上にかぶさっている石を割ろうとしていた。その時他の児童は，高いところから大きな石を池の石に向かって落とした。石が割れ本児童が振り向いた際に右眼に当たり負傷した。
視力・眼球運動障害	第4学年	男	運動場・校庭（園庭）	運動場で気体の実験のため，フィルムケースに発泡剤（クエン酸と炭酸水素ナトリウムを混ぜたもの）と水を入れ，跳ぶ様子を観察していた。本児童は，他の児童が置いたフィルムケースの近くを知らずに通りかかった際に発泡し，左眼球に当たった。
外貌・露出部分の醜状障害	第4学年	男	教室（保育室）	教室で空気鉄砲の実験をしていたところ，友達が本児童に向けて打ってきたので，避けようとして教室後ろの木製ロッカーに右眉あたりを打ち付け負傷した。
外貌・露出部分の醜状障害	第4学年	男	実習実験室	理科の授業で，「ものの温まり方」を学習していた。金属棒をアルコールランプで温める実験をしていたとき，アルコールランプをのせていたトレイの端を強く押してしまい，その反動でトレイごとアルコールランプが倒れ，芯の部分が飛び出した。その際，アルコールの火が本児童の髪の毛に燃え移り，顔面とそれを消そうとした両手の指を火傷した。
外貌・露出部分の醜状障害	第5学年	女	実習実験室	理科の実験中，他の児童が砂糖を溶かした容器が熱くて持ちきれなくなり，手を離した際，それが右手甲にかかり火傷した。

外貌・露出部分の醜状障害	第5学年	男	実習実験室	理科室での実験で，ホウ酸水を蒸発させていた。本児童のグループは，蒸発皿の端の一部がまだ蒸発していなかったため，本児童が引き続き蒸発させようとアルコールランプを移動させたり斜めにしたりして蒸発皿をあたためた。そのとき，アルコールランプから引火し，左手を伝って顔面の左部分をやけどした。
外貌・露出部分の醜状障害	第6学年	女	実習実験室	理科実験中に，ペットボトルの中のアルコールに引火し，その勢いで炎と共にアルコールが射出し，負傷した。
外貌・露出部分の醜状障害	第6学年	女	実習実験室	理科の実験中，鉄製スタンドに取り付けた試験管を更に火元に近づけようとした際，誤ってアルコールランプを倒してしまい，ランプの芯が外れ，火の付いたアルコールの炎が飛んで，衣服に引火し熱傷した。
外貌・露出部分の醜状障害	第6学年	女	実習実験室	理科室でデンプン反応の実験のため，水を入れたビーカーに葉をいれてアルコールランプで熱していた。本児童が割り箸で中に入れている葉を広げようとしたところ，向側にいる友人が自分もやろうとしてビーカーの上で割り箸を左右に振ったため，ビーカーに当たりビーカーが倒れ，お湯が左下肢にかかった。
外貌・露出部分の醜状障害	第6学年	女	実習実験室	「植物の成長と日光や水とのかかわり」の実験中，熱湯が入っているビーカーに同じ実験班の他の児童の腕が当たり，ビーカーが倒れ，熱湯が本児童の両大腿部にかかった。

（平成 17 年度～平成 29 年度）

出典：学校安全 Web「学校事故事例検索データベース」（独）日本スポーツ振興センター

4－事故防止のための指導

○指導者の注意をよく聞き取らせる。

○指導者の制止の合図に従わせる。

○必要な指示及び注意事項は，観察・実験を行う前に行う。

○平静で真剣な行動を習慣づける。

○整理・整頓を徹底させる。

○安全に実験するために，服装などに気をつける。

理科室での実験における注意

1 ─理科実験における基本的な態度

(1) 準備

○机上の整理・整頓をする。

・実験器具は机の中央に，そして操作がしやすいように配置することが安全な実験を行う上でも大切です。そのためには，板書の際に，器具の置き方を書くことも1つの方法です。

○準備のために机から離れるときには，必ずいすを机の下に入れる。

○服装を整えて行う。身軽で肌の出る部分が少ない服装など，実験に合わせて指導する。

○火を使うときには，必ず立って行う（いすは机の下に入れる）。また，ぬれ雑巾を机の上に置いておく。

・ジャンパー，カーディガンの前を開けておかないようにする。

・長すぎる袖は，まくるようにする。

・加熱実験のときには，フリース等の燃えやすい生地の服は着させないようにする。また，長い髪の毛は結ぶ。

(2) 実験中

○整理・整頓を心がける。次の実験に移る場合には，不必要な器具は必ず片づける。

○きちんとした姿勢で実験する。

○大声を出したり，隣のグループをのぞき込んだりしないようにする。

○室内を絶対走らないようにする。

○ふざけないようにする。

○いつでも教師の声が聞こえるように静かに実験をする。

(3)　後片づけ

○器具は元の場所に返す。

○ガラス器具はていねいに取り扱うようにする。

○机の上，机の周りをきれいにする。

○後片づけで気がゆるむ児童がいるので，最後まできちんとやるように事前指導
をする。

2－理科室，準備室の管理

実験を行う児童への指導だけでなく，理科室の環境にも十分な管理が必要です。

(1)　部屋の設備と使用法について

○理科室の出入り口と通路が狭すぎることのないようにする。

○消火器や防火用水がすぐに利用できるようにしておく。

○窓や換気扇が円滑に開閉するようにしておく。

○流しの周辺はいつも整頓しておき，排水溝に物がつまることがないようにする。

○施設，設備，薬品の扱い方，後始末についての一般的な心得を掲示しておく。

○器具や薬品などは，必ず所定の場所に置くようにする。

○掲示板，観察台などの整理と活用を図り，不慮の事故が起きないようにする。

○一般に使用する器具類については，使用及び安全な格納保管に便利なように，
それぞれの保管場所の配置図を理科室や準備室に掲示しておく。

(2)　電源，熱源の管理について

○電源，ガスの元栓，火気，戸棚や窓の鍵等については，毎日点検する。

○火気を使用した後の始末については，徹底を図る。

○長期休業に入る前には，ガスの元栓，電源を確かめる。新学期には安全を確認
してから使用するようにする。

(3) 運搬等について

○物品の運搬や格納については，使用の頻度，大小，軽重などを考慮して無理が
　なく，安全かつ円滑に行われるようにする。

○普通教室での実験のために，理科室から持ち出した器具や薬品などは，実験後
　直ちに返納させ，これらによる事故を未然に防ぐようにする。

(4) 鍵の管理

○理科室や準備室の出入りの管理は確実に行う。児童が教師に無断で鍵を開けて
　入室しないようにする。

○薬品庫の鍵は丈夫なものを使用し，鍵の管理には万全を期す。

(5) 地震対策

○実験器具の収納戸棚や薬品庫などには，必ず転倒及び移動の防止をする。

○薬品類は必要最小量を購入し，重い物ほど棚の下に置き，万一破損してそれら
　が混合しても危険な化学反応が起きないように分類，分離して保管するように
　する。

○薬品容器は1本ごとに収納できるセパレート型のケースに入れるようにする。

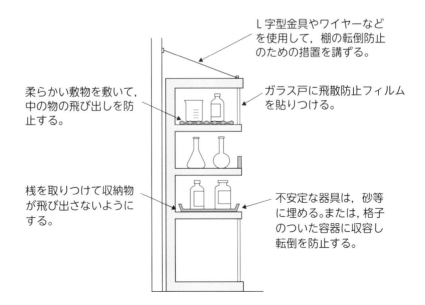

L字型金具やワイヤーなど
を使用して，棚の転倒防止
のための措置を講ずる。

柔らかい敷物を敷いて，
中の物の飛び出しを防
止する。

ガラス戸に飛散防止フィルム
を貼りつける。

桟を取りつけて収納物
が飛び出さないように
する。

不安定な器具は，砂等
に埋める。または，格子
のついた容器に収容し
転倒を防止する。

3－理科実験の事故などに対する危機管理

　学校の安全管理全般に言えることですが，事前の安全管理の取り組みは，安全な環境を整備し，事故等の発生を未然に防ぐことを目的とした取り組みと，事故等発生時に的確に対処するための備えとしての取り組みからなると言えます。

　また，学校の危機管理マニュアルの考え方は，「学校保健安全法」にて以下のように記述されています。

学校保健安全法　第二十九条
　学校においては，児童生徒等の安全の確保を図るため，当該学校の実情に応じて，危険等発生時において当該学校の職員がとるべき措置の具体的内容及び手順を定めた対処要領を作成するものとする。

　したがって，理科の実験中を含めた学校管理下で危険等が発生した際には，教職員が円滑かつ的確な対応が図れるように対処要領を作成しておく必要があります。

⑴　危機管理の基本

　教師が実験による危険を予測し，事前に児童にその理由とともに説明しておくことは危機管理の基本と言える。

⑵　整備しておきたい設備・備品

　保護眼鏡や耐熱手袋などを準備し，適切に使用する。理科室でも応急手当ができるように，救急箱を用意しておくとよい。

　また，校内電話や防犯ブザーなど，緊急時に職員室へ応援を頼めるように設備や備品を整えておくことが望ましい。

⑶　定期点検

　しっかりとした危機管理マニュアルが存在していても，事故発生時に無意味なものとならないよう，定期的に点検することも大切である。

薬品の取り扱いと管理

1-薬品について

「安全な薬品は1つもない」と考え，薬品を扱うときは初めからそう思って扱う必要があります。これは薬品だけでなく，道具についてもあてはまります。正確な知識や経験の裏づけをもたずに，「これは安全，こちらは危険」と形式的に覚えても防災上あまり意味はありません。

事故を防ぐためには不確かな知識のまま行わずに，もう一度実験方法を確認したり，経験豊かな人にたずねて安全性を確かめたりすることが必要になります。そして，何よりもあらかじめ予備実験を行い，その都度自分の目と手で確かめることが重要です。

2-危険な薬品

危険な薬品はおもに2つの種類に分けられます。1つは爆発や火災の危険性があるもの（メタノール，エタノール，アンモニア，水素 など），もう1つは体に対し有毒，有毒なはたらきのあるもの（メタノール，塩酸，アンモニア水，水酸化ナトリウム など）です。これらの薬品は使用する量や濃度によって危険度が異なりますが，安全と危険との間にはっきりとした境界線を引くことはできません。

危険の種類	特徴	薬品類
発火性のもの	加熱や衝撃によって分解し，酸素を発生する。	塩素酸カリウム など
	有機物と混触すると発熱し，発火する。	濃硝酸，濃硫酸 など
	低温で火がつき，激しく燃える。	黄リン，硫黄，マグネシウム粉 など
	水や湿気で発火する。	ナトリウム，生石灰 など
引火性のもの	その薬品の蒸気ができて，空気と混合すると，火を引いたときに発火する。	ガソリン，メタノール，エタノール，アセトン，灯油，植物油 など
爆発性のもの	蒸気や気体が空気と混合したとき，引火して爆発する。	水素，メタン，一酸化炭素，アンモニア など
	加熱や衝撃によって分解し，一瞬に気化が起こり爆発する。	濃過酸化水素水，火薬 など
有毒性のもの	飲み込んだり，接触したりすると，中毒・吐き気・腐食などの害をおこす。	塩化水素，硫化水素，一酸化炭素，アンモニア水，水酸化ナトリウム，水酸化カルシウム，塩酸，硫酸，硫酸銅，ヨウ素 など

3－薬品の基本的な扱い方

　事故防止のためには適切な実験方法で行わなければなりません。そして，薬品を扱うときには次のような原則を守ります。

○薬品の保管，管理は厳重に行う。児童には危険な濃度の薬品は配らない。

○使用する薬品の安全性，危険性を確認する。

○使用する薬品を間違えない。少しでも内容に不安を感じたら使用を中止する。

○目的に応じた濃度の薬品を使用する。

○必要な量の薬品を使用する。多すぎたり少なすぎたりしてはいけない。化学反応の実験では反応の様子を見ながら徐々に試薬を加えていく。

○保護眼鏡を使用する。

○薬品を使用したらその都度，手を洗う。

薬品は薬品庫にて管理する。

4－薬品の保管・管理

　薬品の管理については，次のような配慮が必要です。

○毒物，劇物，引火性，発火性のある危険薬品は，薬品庫に収納し，鍵をかけておく。また，薬品庫は準備室に保管し，児童には薬品を無断で使わせないようにする。

○地震などの災害時のことも考え，棚は固定し，薬品はセパレート型のケースを利用する。

○指導時期を考えて購入し，必要な量だけ保管しておく。

○薬品の管理簿を作り，購入時期や使用量の管理をする（p.21 参照）。

○薬品は純度を保つためにも安全性のためにも必ずきちんとふたをする。

セパレート型の
ケースを利用する。

○薬品戸棚や薬品庫は，常に使いやすさと安全性を考えて分類整理する。

・単体，無機化合物，有機化合物に分ける。

・無機化合物は，化学名に従ってアイウエオ順にする。有機化合物は，炭化水素，アルコール，糖類などに分ける。

・さらに，この中から危険性のある薬品を薬品庫に入れ，厳重に保管する。

・水や温度変化で分解しやすい薬品は，褐色びんで冷暗所に保管する（過酸化水素水，ヨウ素液 など）。

・薬品には必ずラベル表示をする。

・実験で残った液をそのまま放置するようなことは絶対にしてはいけない。

・酸とアルカリは近くに置かない。

【薬品庫の保管例】

　保管するときの分類整理の方法は，いろいろ考えられるが，ここでは小学校の学習で扱う薬品を中心にして考えられる一例を示す。

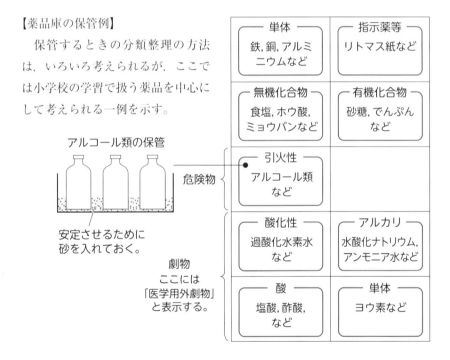

アルコール類の保管

安定させるために砂を入れておく。

危険物

劇物
ここには
「医学用外劇物」
と表示する。

単体	指示薬等
鉄，銅，アルミニウムなど	リトマス紙など

無機化合物	有機化合物
食塩，ホウ酸，ミョウバンなど	砂糖，でんぷんなど

引火性	
アルコール類など	

酸化性	アルカリ
過酸化水素水など	水酸化ナトリウム，アンモニア水など

酸	単体
塩酸，酢酸，など	ヨウ素など

【理科室での薬品管理】

　教科主任等の理科室などにおける薬品の保管・管理に関する実務担当者は、教育活動に用いられる薬品の保管・使用状況などの管理（薬品管理簿の記載）について適正に実施し、校長に報告・相談を行う必要があります。教職員は、児童が薬品を吸引、誤飲、化学やけどをしないよう安全な取り扱いに配慮しなければなりません。

〔留意点〕

○薬品の管理簿をつけ、関連法規にしたがって分類し、施錠・保管する。

○地震による容器の転倒、破損、漏出防止策をとり、薬品の混合による二次災害の防止に心がける。

○薬品は冷暗所に保管する。

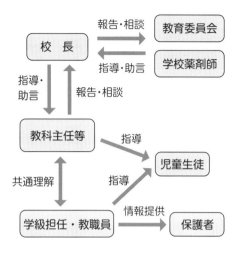

理科室などにおける薬品管理体制図

【薬品の管理簿の例】

管理番号：１２－１　　薬品名：硫酸　　取扱区分：劇物　酸化性　強酸性　腐食性

年／月／日	摘要		残量	担当印	校長印	備考
	目的・購入・廃棄		（保管量）			
2019 ／ 4 ／ 16	購入：○○△△ 株式会社		500			
2019 ／ 4 ／ 23	２年，化学		345			
2019 ／ 4 ／ 25	１年，化学		198			
2019 ／ 5 ／ 20	３年，化学		93			
2019 ／ 6 ／ 3	現有確認		93			

注）管理番号は「薬品種 − 容器番号」

出典：「学校における薬品管理マニュアル」（公財）日本学校保健会

5－薬品の取り扱い方

(1) 液体試薬の場合

○液体試薬を試験管やビーカーに注入するときは，次のことを守る。

・びんは，ラベルを手で隠すように持つ。注ぐときは，試験管と試薬びんは互いに斜めに傾け，試薬が管内の壁を静かに伝い落ちるように注ぐ。注入の様子や量がわかるように，目の高さで行う。

・ビーカーに試薬をとる場合は，ガラス棒を使い，注意して静かに伝わらせる。ガラス棒を使わないと，はねた液で手や衣服を傷める場合がある。

・余分に取り出した試薬は，決して元に戻してはいけない。希釈するか，他のものと分けて保管する。

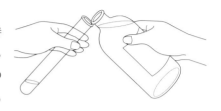

ラベルは上（手のひらの側）

管内の壁にそって流す。

ガラス棒に伝わらせて流す。

(2) 固体試薬の場合

○水酸化ナトリウム，二酸化マンガンなどの固形試薬を取り出すときは，十分に洗浄した薬さじを使う。

○一度取り出した薬品は，元のびんに戻してはいけない。

○容器に直接入れず，必要な分量を薬包紙に取る。

○試験管やフラスコに入れる場合は，管内の壁に試薬が付着したり，管底を破損したりしないように，容器を斜めにし，薬さじを深く入れるか，または壁にそって滑らかに滑らせて入れる。

6－廃棄物の処理

⑴ 廃液処理

実験後の廃液処理は，薬品処理業者に委託するのが一般的である。必ず各学校や自治体で決められた処理をし，不用意に下水に流さないようにする。以下に示すのは，一般的な処理のしかたである。

廃液の貯蔵にはポリ容器を用いて，①酸性，②アルカリ性，③有機系廃液などに分けて回収する。そのとき，各容器に分類ごとのラベルを貼り，冷暗所で邪魔にならない安定した場所に置く。

①酸性の廃液処理

主に，右図のフローチャートに沿って処理作業を行う。

②アルカリ性の廃液処理

主に，①と同様に行うアルカリ性廃液の場合は，酸性の廃液を使って pH を調整し，処理する。

※小学校では，酸性やアルカリ性の廃液処理は，①や②の方法でよいことが多い。ただし，鉄を溶かした水溶液は，鉄の含有量が 10 mg/L 以下でなければ排水できないので注意する（環境省の一律排水基準）。この他の物質に対しても，各自治体の条例などで規制されていることがあるので注意する。

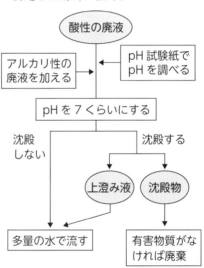

③有機系廃液の処理

アルコールやエーテル，油類などの有機系廃液は，薬品業者に処理を依頼する。

⑵ その他

空になった試薬びんは，内側や外側も十分にすすいでから廃棄する。
また，ガスボンベは，完全に使い切ってガスをなくしてから廃棄する。

ものづくり活動での注意

　これまでの学習指導要領でも「ものづくり活動の充実」は掲げられており，その活動を通して解決したい問題を見いだすことや，学習を通して得た知識を活用して，理解を深めることが主なねらいとされてきました。

　新しい学習指導要領では，学んだことの意義を実感できるような学習活動の充実を図る観点から，児童が明確な目的を設定し，その目的を達成するためにものづくりを行い，設定した目的を達成できているかを振り返り，修正するといったものづくりの活動の充実を図ることが重要とされています。

　ものづくり活動のときには，指導内容に応じて適切な用具を選び，事故の防止に十分留意する必要があります。

留意点
○事前の準備をしっかり行う。
　・刃物の刃が古くなったり傷んだりしていたら，教師が前もって研いだり，新しいものと交換したりしておく。カッターナイフの刃を児童に折らせることはしない。
　・児童のものづくり活動にどの程度の数の用具が必要かを考え，確認する。
○用具の正しい取り扱い方を指導し，事故を未然に防ぐ。

(1)　はさみ
　・先が鋭利なものではなく，できるだけ丸いものを使用する。
　・使用していないときは，必ずケースをつける。
　・校庭などに持ち出すときは，グループごと箱などに入れて持ち出す。

刃先を相手に向けて
渡さない。

⑵　カッターナイフ

・刃を出し過ぎないようにする。

・カッターマットなどを使用し，直線に切ると
　きには線引き用の定規ではなく，ステンレス
　製や縁にステンレスの薄板をはったカッター
　ナイフ用のものを使うようにする。

・カッターナイフを手に持って動き回ることの
　ないようにする。

カッターマットなどを敷き，
手などを切らないようにする。

・紙など，物を押さえる手の位置は，特に注意する。

・他の場所で使うために移動するときは，グループごと箱などに入れて持ち出
　す。

⑶　きり，千枚通し

・持ち運びをせず，同じ場所で使用する。

・使い終わったら，必ず箱などに入れて
　おくようにする。

・他の児童に支持してもらうなど，物を
　しっかりと固定させて作業する。

穴を開ける物を固定させて作業させる。

○用具を持ち運ぶときの注意を徹底する。

・刃物は刃が出ないようにカバーをかけるか，ケースに入れて持ち運ぶ。

○後片づけをしっかりする。

・使用後は，元の場所に戻す。

・刃についた汚れを落とし，保管ケースの中に入れる。

・最初に確認した数の用具があるかどうかの確認をする。

栽培活動での注意

新しい学習指導要領では，生物の飼育や栽培活動において，生態系の維持に配慮するとともに，生物の体のつくりと働きに精妙さを認識し，生物を愛護しようとする態度を養うことが重要とされています。

その中で栽培活動においては，教師は常に安全に注意して用具などを取り扱わせ，児童が自然に操作しているうちに安全の習慣を体で学んでいくように働きかけることが大切です。

一方，栽培活動をするときの服装や児童の健康状態にも気を配り，熱中症などの予防に努めるとともに，急な気象変化にも常に注意しておく必要があります。

留意点
○適した服装で栽培活動を行うようにする。
　・帽子は必ず着用させる。また，虫さされ防止のためにもなるべく皮膚の露出
　　部分が少なめの服装をさせる。
○用具の正しい取り扱いを指導し，事故を未然に防ぐようにする。
　・用具を使用するときは，周囲の安全に気をつける。
　・用具置き場の整理整頓や点検をきちんと行う。
　・農薬の管理は，必ず教師が行う。
○鉢植えの植物を移動する際には，必ず両手で行う。その
　際，両手で縁をつまむのではなく，片手は鉢の底を支え
　るようにして持つ。
○支柱などの棒の長さは，児童の目の高さと同じにならな
　いように調節する。

鉢の底を支える
ようにして持つ。

○学級園などは校舎の近くにある場合が多く，ガラスの破片が土に埋まっていることがある。耕すときには，あらかじめ教師が危険物を取り除いたのち児童に作業させるようにする。また，児童にスコップやくわを使用させることは難しく危険なこともあるので，教師が事前に耕して土をほぐしておくとよい。

教師が事前に耕して土をほぐしておく。

・児童が土を耕す場合は，移植ごてを使わせる。

○植物が育つ様子を調べる活動でも，安全に留意しながら行うようにする。

・学級園や畑に行ってから活動のしかたを説明すると，児童の注意が散漫になり，徹底することが難しい。そのため，事前に教室内で一度，具体的な活動のしかたを説明しておくとよい。

・種まきの活動で，土に指で穴を開けるときには，とがった石などでけがをしないように注意する。

・ヒマワリなど植物の高さを調べるために長い棒を使用するときには，周囲の安全を確保しながら行うように指導する。

○活動が終了したら，きちんと用具を片づけるようにする。

・移植ごてやスコップなどの用具についた土を取り除く。その後，水で洗い流してきれいにし，さらに乾かしてから片づけるようにする。

野外観察での注意

　野外観察では，学習の目的を児童に十分に理解させるとともに，日常の安全指導を徹底しておきます。野外観察での開放感が起こす事故例が少なくありません。軽率な行動を慎む指導が必要です。

　また，経験がある場所でも状況の変化が考えられるので，必ず事前調査を行う必要があります。

1－体験的な学習活動の充実のために

　新しい学習指導要領では，「指導計画の作成と内容の取扱い」の中で，「体験的な学習活動の充実」について触れられているとともに，「各学年の目標および内容」の中で，野外での活動に関連する安全に配慮すべき点にも触れられています。

○第3学年
(1) 身の回りの生物
　野外での学習に際しては，毒をもつ生物に注意するとともに事故に遭わないようにするなど，安全に配慮するように指導する。
(2) 太陽と地面の様子
　太陽の観察においては，JIS規格の遮光板を必ず用い，安全に配慮するように指導する。
○第4学年
(3) 雨水の行方と地面の様子
　校庭での観察については，急な天候の変化や雷等に留意し，事故防止に配慮するように指導する。
(5) 月と星
　夜間の観察の際には，安全を第一に考え，事故防止に配慮するように指導する。
○第5学年
(3) 流れる水の働きと土地の変化
　川の現地学習に当たっては，気象情報に注意するとともに，事故防止に配慮するように指導する。
(4) 天気の変化
　雲を野外で観察する際には，気象情報に注意するとともに，太陽を直接見ないように指導し，事故防止に配慮するように指導する。
○第6学年
(4) 土地のつくりと変化
　土地の観察に当たっては，それぞれの地域に応じた指導を工夫するようにするとともに，野外観察においては安全を第一に考え，事故防止に配慮するように指導する。また，岩石サンプルを採る際には，保護眼鏡を使用するなど，安全に配慮するように指導する。
(5) 月と太陽
　夜間の観察の際には，安全を第一に考え，事故防止に配慮するように指導する。また，昼間の月を観察し，太陽の位置を確認する際には，太陽を直接見ないようにするなど，安全に配慮するように指導する。
など

　以上の内容を考慮して，野外活動をするときには十分に安全に配慮し，事故防止に努める必要があります。

２－事前調査の留意点

○コース・歩行距離・所要時間が児童の負担にならないか。

○トイレ，安全な休憩場所はあるか。

○迷路，危険な箇所はないか。

○危険をともなう生き物の有無と所在

○気象の変化やそれにともなう状況変化時の避難場所，避難方法

○医療機関の所在と緊急連絡方法

３－実施計画

　無理な計画は心身の疲労を生じ，事故につながります。事前調査の結果に基づいて，適切な計画を立てます。

４－事前指導

○秩序ある規律正しい行動，特に集合，点呼，歩行などの
　集団行動の指導を徹底させる。

○服装及び持ち物については，次のことに留意する。

　・帽子は必ず着用させ，皮膚の露出部分が少なめの服装
　　をさせる。

　・先端のとがった器具の携行に特に注意する。

　・荷物はリュックサックに入れ，常に両手をあけておく。
　　雨具，水筒は必ず持たせる。

　・教師は笛や拡声器，救急箱などを携行する。

○危険な虫，けがをしやすい植物については，事前に児童
　に紹介しておく。

野外観察での服装

5－現地での留意点

○引率は2名以上で，児童の掌握を確実に行う。

・観察に先立ち，集合時刻，集合場所，危険箇所の注意などの徹底を図り，指示した行動範囲を厳守させる。

・用便などの場合，グループで行動させ，決して一人での行動はさせないようにする。

○採集道具などは正しく使わせるようにする。

○児童の健康や気象，周囲の状況変化に常に注意を払い，異常事態に際しては冷静な判断のもとに迅速に行動するように努める。

・特に気温や湿度が高めの日に野外活動を行うときには，熱中症の予防のために，こまめに水分を補給させる。

・児童の健康の変化や気象などの状況の変化によっては，野外活動の行程を変更したり，途中で中止する判断も必要である。

6－注意を要する動植物

○触れるとかぶれやすい植物
　　ウルシ　ハゼノキ　ヌルデ　など

○毒毛をもつ虫
　　チャドクガの幼虫　チャドクガ　など

○とげや切りやすい葉をもつ植物
　　カヤ　バラ　アザミ　ススキ　など

○危険な動物
　　スズメバチ　ミツバチ　ムカデ
　　マムシ　ヤマカガシ　など

チャドクガの幼虫

アザミ

※地域によっては，他にも注意を要する動植物が存在するので，事前調査の際に確認しておく。

第2章

各単元の内容と
観察・実験のポイント

3年 # しぜんのかんさつ／動物のすみか

B(1) 身の回りの生物

　身の回りの生物について，探したり育てたりする中で，それらの様子や周辺の環境，成長の過程や体のつくりに着目して，それらを比較しながら調べる活動を通して，次の事項を身に付けることができるよう指導する。

　ア　次のことを理解するとともに，観察，実験などに関する技能を身に付けること。

　(ｱ) 生物は，色，形，大きさなど，姿に違いがあること。また，周辺の環境と関わって生きていること。

観察・実験

【しぜんのかんさつ】

●校庭で生き物を探す。

●虫眼鏡の使い方を知る。

●生き物の姿（色，形，大きさなど）を他の生き物と比べながら調べる。

【動物のすみか】

●校庭で動物を探す。

●見つけた動物がいた場所の様子と他の動物がいた場所の様子を比べながら調べる。

準備物

【しぜんのかんさつ】

□虫眼鏡　□ものさし　□観察カード　□クリップ付きボード　□色鉛筆　□動物図鑑（昆虫，水の生き物，両生類などについての図鑑）　□植物図鑑　□コンピュータ（パソコンやタブレットなど）

【動物のすみか】

□虫眼鏡　□ものさし　□観察カード　□クリップ付きボード　□色鉛筆　□コンピュータ（パソコンやタブレットなど）　□動物図鑑（昆虫，水の生き物，両生類などについての図鑑）　□模造紙　□付箋（数色）

●自然の観察●

　身の回りの生物の様子について興味・関心をもって調べ，生物の色や形，大きさなどを比べられるようにする。

留意点

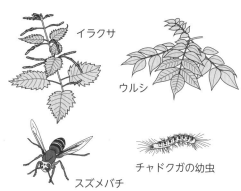

イラクサ

ウルシ

スズメバチ

チャドクガの幼虫

○初めての理科，初めての観察になるため，活動時の約束を確かめておくようにする。

○活動範囲を決め，行ってはいけないところなどを確認する。

○生物は傷をつけないよう丁寧に扱い，むやみに採ったりつかまえたりしない。その場で観察して記録できるようにする。

○石などを動かした後は，元に戻すようにする。

○教師は事前にとげや毒のある生物（ハチ，チャドクガの幼虫，ウルシなど）がないかを把握し，ある場合には近づかないように指導する。

○児童の活動時の服装はできるだけ長袖，長ズボンがよい。活動を行う前日に服装の連絡をしておくとよい。

○虫眼鏡を使用するときは，太陽を直接見ないようにする。また，日光を集めて人体や洋服などに当てない。

○虫眼鏡は日の当たるところに置いたり，保管したりしないようにする。

木の実は勝手に採ったり食べたりしない。

植物をむやみに抜いたり，草を摘んだりしない。

棒などを振り回さない。

走り回ると石や穴に足をとられることがある。

とげのある植物や手を切りやすい植物に注意する。

大きな石は動かさない。動かした石は，元の位置に戻す。

虫などを追いかけていると，足元が不注意になる。池や崖があるときは事前に注意する。

🔵 虫眼鏡

プラスチックや金属の枠に凸レンズが保持されているもの。持ち運びができ，観察や実験に最も手軽に利用できる。

使い方

○動かせる物を見るとき

虫眼鏡を目の近くに固定し，見る物を近づけたり遠ざけたりして，はっきりと見えるところで観察する。

○動かせない物を見るとき

虫眼鏡を見る物に近づけたり遠ざけたりして，はっきり見えるところで観察する。

○日光を集めるとき

虫眼鏡を光を集める物（紙など）から遠ざけていき，距離を調整する。

虫眼鏡（枠つきルーペ）

留意点

○目を痛めて失明する危険性があるので，絶対に太陽を見てはいけない。

○火傷や服が焦げるなどの危険性があるので，日光を集めて人の体や服に当ててはいけない。

○日光が集まり発火する危険性があるので，日光が当たる場所に置いておかない。

○汚れているものは，ほこりなどを吹き飛ばした後，柔らかい布などを使ってきれいにする。それでも落ちない場合は洗剤を溶かした液やアルコールを脱脂綿などに含ませて拭く。

●動物のすみかの観察

　安全に配慮しながら，どのような動物がどのような姿で，何をしていたかを記録し，周辺の環境との関わりについても考えられるようにする。

留意点

○事前に野外観察する場所において，教師は危険な場所や動物・植物の様子を把握しておく。

○教師は，児童が危険な行為を行うかもしれないという意識をもち，常に安全に気を配る。

○虫眼鏡を使用するときには，絶対に太陽を見ないように事前に指導しておく。

○諸感覚を働かせて観察を行うことは大切であるが，触ると刺したり，かぶれたりする生物もいるので，注意を払って観察するように指導する。

虫眼鏡で太陽を見てはいけない。

○見えている動物だけではなく，隠れている動物にも気づくよう着眼点がもてるような呼びかけをする。

○熱中症の予防のために，帽子をかぶりこまめに水分補給をしながら活動をするようにする。

○校外で観察を行う際には，以下のような危険個所を予め把握し，観察範囲を決めて活動できるようにする。

池や沼の近く　　　　　　　　がけの近く

危険な場所には近づかないようにする。

3年 植物の育ち方

B(1) 身の回りの生物

　身の回りの生物について，探したり育てたりする中で，それらの様子や周辺の環境，成長の過程や体のつくりに着目して，それらを比較しながら調べる活動を通して，次の事項を身に付けることができるよう指導する。

ア　次のことを理解するとともに，観察，実験などに関する技能を身に付けること。

㋑ 植物の育ち方には一定の順序があること。また，その体は根，茎及び葉からできていること。

観察・実験

- 育てる植物の種の様子を調べる。
- 育てる植物を2つ決めて，種を畑や花壇にまく。
- 2つの植物の育ち方を比べながら調べる。
- 植物の育ち方の順序について，わかったことをまとめる。

準備物

□種（ヒマワリ, ホウセンカ, オクラ, ダイズなど）　□虫眼鏡　□ものさし　□観察カード　□予想カード　□色鉛筆　□園芸図鑑　□クリップ付きボード　□スコップ(大型)　□移植ごて　□作業用手袋　□肥料　□じょうろ　□園芸ラベル　□油性ペン　□紙テープ（2色）　□はさみ　□バット　□メジャー　□粘着テープ　□伸縮する棒と横棒　□踏み台　□模造紙

🔵 土作り

畑や花壇などに種をまく準備のために土作りを行う。

留意点

○草取りをする際には草で手を切った
り，ケガをしたりすることを防ぐた
め，作業用手袋を使うようにする。児
童は移植ごてのみを扱うようにする。

○土作りを行う際には，使用するレー
キ，くわ，スコップなどは大人が使用
するようにする。

○土の ph を整えるためや追肥のために
まいた化学肥料を児童が素手で触る
ことのないように指導する。

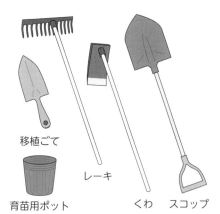

移植ごて

育苗用ポット

レーキ

くわ　スコップ

○マルチングに穴を開ける際に，使用する空き缶などで手を切らないように気を
つける。

○薬剤は濃くなりすぎないように注意する。

○薬剤の保管には，農薬であることや危険であることを明示する。また，高温に
ならない鍵のかかる，直射日光の当たらない通気性のよいところに置き，作り
置きはしないようにする。

○マスクや手袋，長袖，長ズボン，保護眼鏡を着用し，散布後はすぐに洗濯する
ようにする。

○散布は風のない夕方（涼しい時間帯）がよい。児童のいない長期休業中や休日
前に行うと望ましい。

③年 こん虫の育ち方

学 習 指 導 要 領

B (1) 身の回りの生物

　身の回りの生物について，探したり育てたりする中で，それらの様子や周辺の環境，成長の過程や体のつくりに着目して，それらを比較しながら調べる活動を通して，次の事項を身に付けることができるよう指導する。

ア　次のことを理解するとともに，観察，実験などに関する技能を身に付けること。

(イ)　昆虫の育ち方には一定の順序があること。また，成虫の体は頭，胸及び腹からできていること。

観察・実験

● チョウの卵を探して採取し，卵の様子を調べる。

● 幼虫の育ち方を調べる。

● 蛹の様子を調べる。

● 蛹から成虫になる様子を調べる。

● チョウの体のつくりを調べる。

● いろいろな昆虫の体のつくりをチョウの体のつくりと比べながら調べる。

● いろいろな昆虫の育ち方を比べながら調べる。

準備物

□予想カード　□クリップ付きボード　□色鉛筆　□卵（モンシロチョウやアゲハなど）　□はさみ　□モンシロチョウの餌（キャベツなど）　□アゲハの餌（ミカンの葉など）　□チョウの飼育に必要なもの［プラスチック容器（イチゴのパックなど），目玉クリップ，ティッシュペーパー，アルミニウム箔，飼育ケース，空きびんなど］　□虫眼鏡　□ものさし　□観察カード　□昆虫図鑑　□コンピュータ（パソコンやタブレットなど）　□幼虫（トンボやバッタなど）□トンボやバッタの飼育に必要なもの（水槽，水草，土，石，木の棒，霧吹きなど）　□やごの餌（アカムシやイトミミズ）　□バッタの餌（イネ科の植物）

● チョウの飼育

　モンシロチョウをはじめとしたチョウの出現時期や発生回数は，地域によって異なる。教科書では5月中旬〜6月中旬を学習時期と想定しているが，地域の環境や成長にかかる期間を考慮して学習時期を配慮する。

留意点

○採取した幼虫から育てると，アオムシコマユバチに寄生されていることがあるので，卵から飼育したほうがよい。

○チョウの幼虫の世話をするときには，その前後に必ず手を洗うようにする。

○キャベツなどの葉を交換するときには，幼虫に直に触れないようにする。

○キャベツなどの葉はすぐに乾いてしまうため，幼虫が葉を食べることができなくなってしまう。卵から幼虫になったら，毎日新しい葉に取り替えるようにする。

○葉から出た水分で，プラスチック容器の中が蒸れないように空気穴を開けるようにする。

○透明プラスチック容器に千枚通しで穴を開ける作業は，児童にはさせずに教師が前もって行っておくようにする。

○チョウをはじめとする生き物を観察するときには，傷つけないように丁寧に扱うようにする。

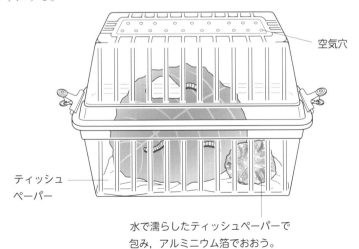

空気穴

ティッシュ
ペーパー

水で濡らしたティッシュペーパーで
包み，アルミニウム箔でおおう。

●バッタの採集と飼育

　バッタは草の生えた日当たりの良い荒地や川原の草地にすむ。どのような草を好むか調べながら飼育環境を整えるよう配慮する。

留意点

○野外での活動は，熱中症の予防のために，帽子をかぶりこまめに水分をとるよう配慮する。

○草地でバッタ等を捕まえる際には，草木を素手で触れないようにし，作業用手袋や捕獲網を使用するようにする。また，虫除けスプレーなども用意しておく。

○バッタを捕獲する際に，知らない生物と出会ったとき，直接触らないように指導する。

○バッタを直接触った後は，必ず手を洗うようにする。

●やご，トンボの採集と飼育

　やごは6月初旬〜中旬頃に終齢幼虫にまで育っている個体が多く，プールの清掃の時期に捕獲する活動ができる。トンボは肉食昆虫なので，長期間の飼育は難しい。羽化後は野外に逃がしてあげるとよい。

留意点

○やごを採集するときは，プールの底をこするようにして泥ごとすくう。プールサイドに置いた泥の始末について確認する。

○濡れてもよい服装で活動を行う。靴は滑り止めのあるものを用意させる。かかとのないサンダル，脱げやすい靴は転倒の危険性があるので避ける。長靴は水が入り込む可能性があるので，できるだけ控える。また，替えの下着，靴下なども用意しておくとよい。

○児童の持ち物を水に落とさないよう，ポケットの中は空にする。

○プールサイドでは，靴を履いて活動を行えるようにする。また，絶対に走らないよう指導する。

○プールの水が深い場合は入水させない。また，児童が水に落ちないよう管理する。

○児童がプールの底で活動するときは，プールの水を児童の膝下ぐらいまで（10cm程度）水位を下げて，濡れてもよい靴を履かせて入水する。プールの底は，大変滑りやすいので注意する。特にプールに入るときが最も転びやすいので，大人が傍らにつくようにする。

○児童がやごを持ち帰る場合は，ふたのできるプラスチック容器や，ペットボトルなどを用意させる。

○やごやトンボを直接触った後は，必ず手を洗うようにする。

昆虫の体のつくりの観察

　トンボやバッタなどの成虫の体のつくりについて，チョウと比べて共通点を探す視点で観察する。

留意点

○観察は透明ケースに入れて観察するとよい。ケースを優しく動かすように指導する。図鑑などの資料をもとに，調べる視点を明らかにしながら観察できるようにしていく。

○昆虫を手に持って観察するときは，優しく持つことを心がけ，むやみに体を押しつぶしたり，羽や足を無理に広げたり曲げたりしないようにする。

○トンボの体のつくりを観察するときは，羽を傷つけないように，そっと指ではさむようにする。

○生物を触る前と触った後は，手を洗うようにする。

③年 ゴムや風の力

A (2) 風とゴムの力の働き

　風とゴムの力の働きについて，力と物の動く様子に着目して，それらを比較しながら調べる活動を通して，次の事項を身に付けることができるよう指導する。

ア　次のことを理解するとともに，観察，実験などに関する技能を身に付けること。

(ア) 風の力は，物を動かすことができること。また，風の力の大きさを変えると，物が動く様子も変わること。

(イ) ゴムの力は，物を動かすことができること。また，ゴムの力の大きさを変えると，物が動く様子も変わること。

観察・実験

- ゴムで動く車を作り，遊ぶ。
- ゴムの伸ばし方を変えたときの車の進む距離を比べながら調べる。
- 風で動く車を作り，遊ぶ。
- 車に当てる風の強さを変えたときの車の進む距離を比べながら調べる。
- ゴムと風で動くおもちゃを作る。

準備物

□輪ゴム（細い物，太い物）　□プラスチック段ボール　□タイヤ　□竹ひご　□フック　□両面テープ　□ダブルクリップ　□下敷き　□ものさし　□メジャー　□ビニルテープ　□工作用紙　□はさみ　□セロハンテープ　□うちわ　□送風機，[ドライヤー]　□クリップ付きボード　□[コンピュータ（パソコンやタブレットなど）]
□色紙　□画用紙　□模造紙　□油性ペン　□粘着テープ

● ゴムの力の大きさを調べる実験

　ゴムで動く車を製作するときに，はさみなどでけがをしないよう注意が必要である。

　なお，実験場所は，広くて床面が平らな体育館が適している。

留意点

○プラスチック段ボールを切るときに，はさみやカッターで指をけがしないようにする。カッターを使用するときには，カッターマットを敷くようにする。

輪ゴムを引きすぎて切らないように注意する。

先に人がいないことを確かめる。

○輪ゴムを強く引きすぎて切らないように注意する。

○古い輪ゴムは切れやすいので，使用しないようにする。

○ゴムをかける金具などで，けがをしないように注意する。

○使用する輪ゴムが飛ばないように注意する。万が一，輪ゴムが飛んでしまった場合でも，顔や目などに当たらないように車の走らせる向きなどに気を配るようにする。

○車を走らせる前に，走る先に人がいないことを確かめる。

● 風の力の大きさを調べる実験

　前項と同様に，風で動く車を製作するときに，けがをしないようにする。

留意点

○送風機を使用する場合は，鉛筆や指を送風機の中に入れないように注意する。

○送風機の代わりにドライヤーを使用するときは，温風で火傷をしないようにスイッチの使い方を指導する。

○車を走らせる前に，走る先に人がいないことを確かめる。

3
年

③年 音のふしぎ

A(3) 光と音の性質

　　光と音の性質について，光を当てたときの明るさや暖かさ，音を出したときの震え方に着目して，光の強さや音の大きさを変えたときの違いを比較しながら調べる活動を通して，次の事項を身に付けることができるよう指導する。

ア　次のことを理解するとともに，観察，実験などに関する技能を身に付けること。

(ウ) 物から音が出たり伝わったりするとき，物は震えていること。また，音の大きさが変わるとき物の震え方が変わること。

観察・実験

- 楽器や身の回りの物を使って音を出す。
- 音の大きさを変えたときの物の震え方の違いを比べながら調べる。
- 音が伝わるときの物の震え方を比べながら調べる。

準備物

□大太鼓　□小太鼓　□タンバリン　□トライアングル　□木琴　□棒（木など）
□スパンコール　□セロハンテープ　□ビーズ（球体）　□付箋　□輪ゴム　□空き箱
（直方体の物）　□糸（たこ糸など）　□スプーン（ステンレス）　□タオル　□竹ひご
□コップ（紙，蓋付き透明プラスチック）□プラスチックの容器（直方体の物，蓋付き
透明）　□ペットボトル　□千枚通し（教師用）　□[コンピュータ（パソコンやタブレッ
トなど）]

● 音の大きさと物の震え方を調べる実験

　本実験では，物の震える大きさがよくわかるように身近な材料を使って工作を行う。児童自らがけがに注意するとともに，作る場所と実験する場所，あるいは時間を分離するようにし，児童が他者にけがをさせないよう，教師は工夫する必要がある。

留意点

○輪ゴムは紫外線により劣化し，切れやすくなるので，新しい輪ゴムを使う。

○輪ゴムを目いっぱい引っ張ることのないようにする。

○コップの底の穴は教師が開けるようにする。

○濡らしたタオルで糸をつかむ力加減が重要で，強くつかみすぎないようにする。

● 音が伝わるときの物の震え方を調べる実験

　いわゆる糸電話を作って実験する。大きな声を出すと，耳を傷める恐れがあるほか，糸を伝わった音なのか，直接耳に届いたのかわからなくなるので，大きな声を出しすぎないようにする。

留意点

○糸がたるまないようにすることは大切だが，引っ張りすぎて糸が切れたり，接続部が壊れたりしないようにする。

○急に大きな声を出さず，聞こえないときに，徐々に声を大きく出していくように指導する。

3年 地面のようすと太陽

学習指導要領

B(2) 太陽と地面の様子

　太陽と地面の様子との関係について，日なたと日陰の様子に着目して，それら
を比較しながら調べる活動を通して，次の事項を身に付けることができるよう指
導する。

ア　次のことを理解するとともに，観察，実験などに関する技能を身に付けること。

(ア) 日陰は太陽の光を遮るとでき，日陰の位置は太陽の位置の変化によって変わる
　　こと。

(イ) 地面は太陽によって暖められ，日なたと日陰では地面の暖かさや湿り気に違い
　　があること。

観察・実験

- 影踏み遊びを行う。
- 影の向きや太陽の位置を調べる。
- 時刻を変えて，影の位置を太陽の位置と比べながらを調べる。
- 方位磁針の使い方を知る。
- 太陽の位置を，時刻と比べながら調べる。
- 日なたと日陰の地面の様子を触って比べる。
- 時刻を変えて，日なたと日陰の地面の温度を比べながら調べる。

準備物

□ライン引き　□石灰　□遮光板　□ボール　□旗立ての台　□旗立ての台に立てる棒
□線を引く棒　□時計，[工作用紙，割り箸，粘土]　□紐　□画用紙　□竹ひご　□油
性ペン　□方位磁針　□記録用紙　□クリップ付きボード　□コンピュータ（パソコン
やタブレットなど）□放射温度計，[棒温度計，移植ごて，ペットボトル（500 mL），
牛乳パック（1 L），セロハンテープ]

● 影踏み遊び

留意点

○児童の目線が自身や他の児童の影に向きがちになり，周辺の建物や樹木，他の
　児童などとの衝突事故や転倒による事故が起こりうるので，十分に注意する。

○こまめに水分補給をして休憩をとりながら活動をし，熱中症を予防しながら活動する。

● 遮光板

　遮光板は，太陽の光に含まれる目に影響を与
える紫外線や赤外線を遮断する器具である。

留意点

○ガラス面は割れやすいので，落とさないよう，
　紐を首にかけて太陽を見るようにする。

○プラスチックの下敷きや感光したカラーフィ
　ルムは，有害光線を遮るはたらきはなく，目
　を傷める危険性があるため，太陽の観察では
　必ず JIS 規格に適合した遮光板を使うようにする。

太陽を見るときには，必ず遮光板
を使うようにする。

● 放射温度計

測定物に直接触れずに，短時間で温度を測ることができる。

留意点

○レーザーポインターが内蔵
　されている放射温度計を使
　うときには，レーザー光を
　のぞきこんだり，人に向け
　たりしないように注意する。

感知部　　　　スイッチ

放射温度計

● 棒温度計

　測定物に直接触れさせて温度を測る器具。ガラスでできているので，固いもの
に当たると容易に割れてしまうので，注意して使用する。

留意点

○使用前に，①液だめが割れていないか，②液柱が途切れていないか，③ガラス部分
　が破損していないか，などについて確認し，ひび割れや欠損があるものは廃棄する。

○掘り起こしていない地面に直接棒温度計を差し込んだり，温度計自体で土を掘
　り返したりすることのないように指導する。

○机に置くときは，落ちることのないよう中心に置き，転がらないように工夫する。

③年 太陽の光

学習指導要領

A(3) 光と音の性質

　光と音の性質について，光を当てたときの明るさや暖かさ，音を出したときの震え方に着目して，光の強さや音の大きさを変えたときの違いを比較しながら調べる活動を通して，次の事項を身に付けることができるよう指導する。

ア　次のことを理解するとともに，観察，実験などに関する技能を身に付けること。

㋐ 日光は直進し，集めたり反射させたりできること。

㋑ 物に日光を当てると，物の明るさや暖かさが変わること。

観察・実験

● 鏡で太陽の光を（日光）をはね返して的に当てる。

● 鏡の向きを変えたときの鏡ではね返した日光の進み方を比べながら調べる。

● 鏡の数を変えたときの的の明るさや温度を比べながら調べる。

● 虫眼鏡と紙の距離を変えたときの明るさや暖かさを比べながら調べる。

準備物

□鏡（平面鏡）　□画用紙　□段ボール紙　□粘着テープ　□油性ペン　□色鉛筆
□ボール　□下敷き　□パイロン（ミニ）　□放射温度計［棒温度計］　□虫眼鏡
□クリップ付きボード

🔵 日光の進み方を調べる実験

　鏡を動かすとその明るいところが動くので，児童はつい対象物だけではなく，いろいろな物に光を当てたくなる。事前に留意点について指導しておくとよい。

留意点

○鏡は落として割ることのないように，必ず両手でしっかりと持つようにする。

○光を反射させて，人の顔などに当てないようにする（光が目に長時間入ると失明の危険性がある）。また，同様に何枚もの鏡で集めた光を長時間にわたって見ることのないようにする。

○民家が隣接しているところでは，民家の窓などに光を当てないように注意する。

🔵 虫眼鏡で日光を集める実験

　虫眼鏡は生物の観察などで扱ったことがあるが，この実験は虫眼鏡を別の用途で使うので，正しい使い方を事前に指導しておく（p.34 参照）。

留意点

○虫眼鏡で太陽を絶対に見ないように，また，集光した部分を長時間見ないよう指導する。

○虫眼鏡で光を集める部分に手や指を近づけない。

○ラバー（ゴム）製の校庭で光を集める実験を行うと，地面まで焦がしてしまうことがあるため，下にダンボールを敷いたり，別の場所で活動を行ったりする。

○集めた日光は非常に熱いので，人や生物に当てないようにする。

○煙が出てきたら光を当てるのをやめる。光を当て続けると炎が出ることがあるので，そこまでは当て続けないようにする。

虫眼鏡で太陽を見てはいけない。

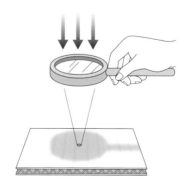

煙が出てきたら光を当てるのをやめる。

③年 電気の通り道

学習指導要領

A(5) 電気の通り道

　電気の回路について，乾電池と豆電球などのつなぎ方と乾電池につないだ物の様子に着目して，電気を通すときと通さないときのつなぎ方を比較しながら調べる活動を通して，次の事項を身に付けることができるよう指導する。

ア　次のことを理解するとともに，観察，実験などに関する技能を身に付けること。

(ア) 電気を通すつなぎ方と通さないつなぎ方があること。

(イ) 電気を通す物と通さない物があること。

観察・実験

●豆電球に明かりがつくときとつかないときのつなぎ方を比べながら調べる。

●いろいろな物が電気を通すか，通さないかを，比べながら調べる。

●豆電球を使ったおもちゃを作る。

準備物

□豆電球　□導線付きソケット　□マンガン乾電池（単三）　□乾電池ホルダー　□導線　□ニッパー（教師用）　□セロハンテープ　□糊　□はさみ　□記録用紙（観察カードなど）　□身の回りの金属でできた物［釘（鉄，銅），アルミニウム箔（アルミニウム），はさみ（鉄），空き缶（アルミニウム，鉄）など］　□身の回りの金属以外でできた物［輪ゴム（ゴム），段ボール紙（紙），ペットボトル（プラスチック），コップ（ガラス），割り箸（木）など］　□紙やすり　□工作用紙

乾電池

　乾電池の種類は，一般の円筒形乾電池は単1形〜単5形の5種類。いずれも公称起電力は1.5Vで，単1形がいちばん容量が大きく，単2形の約2倍である。

　日常よく使われる乾電池は，マンガン乾電池とアルカリ乾電池で，アルカリ乾電池のほうが容量が大きい。本単元での実験ではマンガン乾電池の使用が適している。

留意点

○違った種類（マンガン乾電池とアルカリ乾電池など）を一緒に使用しない。

○使い切った乾電池は，早く機器から取り出す（入れたままにしておくと液漏れの原因となる）。

○電池を廃棄するときには通常のゴミとは分けて廃棄するようにする。

○アルカリ乾電池に充填されている物質は強いアルカリ性を示す。そのため，液漏れなどが起きた場合は大変危険である。よって，小学校の実験ではマンガン乾電池を使うようにする。

○乾電池と導線だけをつなぐ「ショート回路」は時間が経つにつれて熱くなり，火傷などの危険がある。ショート回路をつくらないように実験前に指導する。

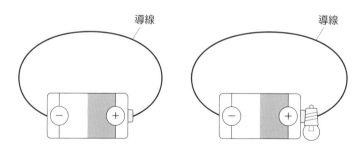

ショート回路の例

学習指導要領

A(4) 磁石の性質

　磁石の性質について，磁石を身の回りの物に近付けたときの様子に着目して，それらを比較しながら調べる活動を通して，次の事項を身に付けることができるよう指導する。

ア　次のことを理解するとともに，観察，実験などに関する技能を身に付けること。

(ア) 磁石に引き付けられる物と引き付けられない物があること。また，磁石に近付けると磁石になる物があること。

(イ) 磁石の異極は引き合い，同極は退け合うこと。

観察・実験

◎いろいろな物が磁石に引き付けられるか，引き付けられないかを比べながら調べる。

◎磁石と鉄の距離を変えたときの磁石が鉄を引き付ける力を比べながら調べる。

◎磁石の極同士の組み合わせを変えて近付けたときの様子を比べながら調べる。

◎磁石に近付けた鉄は，磁石になるのか磁石と比べながら調べる。

準備物

□磁石（棒，U字型）　□色鉛筆　□記録用紙（観察カードなど）　□身の回りの鉄でできた物〔クリップ，釘，空き缶など〕　□身の回りの鉄以外でできた物〔輪ゴム（ゴム），釘（銅），段ボール紙（紙），アルミニウム箔（アルミニウム），ペットボトル（プラスチック），□空き缶（アルミニウム），コップ（ガラス），割り箸（木）など〕　□紙やすり　□両面テープ　□はさみ　□糸（たこ糸など）　□方位磁針　□砂鉄　□紙（コピー用紙など）

磁石に引き付けられる物を調べる実験

身の回りの物として「電気の通り道」の単元と同じ物を調べるようにすると，学習を関連させて理解しやすくなる。

留意点

○たくさんの物を試すので，物を落とさないように，かごやトレーなどに整理できるようにする。

○釘は本数を最小限にし，紙やトレーに置き，床などに散乱することがないようにする。

○空き缶は，一部をやすりで磨いておく。金属光沢が見える部分でも，透明な塗装がされていることがある。

磁石の極同士を近づけたときの磁石の様子を調べる実験

磁石の極同士を近づけるので，強力な磁石を使うと，引き付けるときも退け合うときも危険なことが起こり得るので，鋼鉄製の磁石かフェライト磁石を使用する。

留意点

○多数の組み合わせができ漏れなく実験を行うためには，まず左の磁石を固定し，右の磁石をNとSを変える。さらに，左の磁石の極を変えて右の磁石のNとSを変えるというふうに行うと，すべての組み合わせを漏れなく実験できる。

磁石に引き付けられた鉄が磁石になるか調べる実験

磁石に引き付けられた鉄がさらに鉄に引き付けられることから，鉄が磁石になったのか，学習した磁石の性質を生かして調べる。

留意点

○釘の本数を最小限にし，紙やトレーに置いて管理できるようにする。

○砂鉄が散らばらないように，紙やトレーに載せて使用する。

学習指導要領

A(1) 物と重さ

物の性質について，形や体積に着目して，重さを比較しながら調べる活動を通して，次の事項を身に付けることができるよう指導する。

ア　次のことを理解するとともに，観察，実験などに関する技能を身に付けること。

(ア) 物は，形が変わっても重さは変わらないこと。

(イ) 物は，体積が同じでも重さは違うことがあること。

観察・実験

● 物を持って重さを感じる。

● はかりの使い方を知る。

● はかりを使って，身の回りの物の重さを調べる。

● 種類の違う物の重さを比べながら調べる。

● 形を変えたときの物の重さを比べながら調べる。

準備物

□身の回りの物 [乾電池（単一，単三），コップ（ガラス，紙，プラスチック），スプーン（金属，木，プラスチック），空き缶（アルミニウム，鉄），糊，はさみ，ノート，消しゴム，スポンジ，アルミニウム箔など]　□はかり　□同体積で重さが違う立方体（アルミニウム，鉄，プラスチック，木）　□透明プラスチック容器　□粘土　□アルミニウム箔　□ブロック

● 同じ体積の物の重さを調べる実験

液状の物や粉状の物を調べることも考えられるが，体積のそろったブロックを使うことが簡便である。

留意点

○ブロックを変形させたり，汚したりしないようにする。

○児童がふざけている雰囲気があるときには実験を行わない。投げた物が頭部にあたってけがをすることなどが考えられる。

● はかり

電子天秤や上皿自動はかりを使用することが考えられる。電子天秤は読み取るのが簡単ではあるが，デジタルで数値がはっきり出るため，わずかな違いが問題になりやすい。適切に測定できるよう，使い方を指導する必要がある。

留意点

○平ら（水平）な場所で使用する。傾いたところで使用すると，表示される数値が変わることを事前に体験しておくとよい。

○量る前に数値が0でも，リセットボタンを押す。

○はかりに物を静かに載せるようにする。

○量る物やそれを載せる紙やトレーが，他の部分に触れていないか確認する。

● 形を変えたときの物の重さを調べる実験

形を変えたとき，特にばらばらにしたときに，破片まで残らず，はかりに載せることが重要である。

留意点

○ちぎったり，ばらばらにしたりするときは，できるだけトレーや袋の中で行うとよい。

○同じ物をクラスや班全員で量り，数値がどれだけばらつくか（誤差）を調べ，それ以上数値が変わらないのであれば，重さが変わったとは言えないと考えることができるとよい。

4年 季節と生物

学習指導要領

B(2) 季節と生物

　身近な動物や植物について，探したり育てたりする中で，動物の活動や植物の成長と季節の変化に着目して，それらを関係付けて調べる活動を通して，次の事項を身に付けることができるよう指導する。

ア　次のことを理解するとともに，観察，実験などに関する技能を身に付けること。

(ア) 動物の活動は，暖かい季節，寒い季節などによって違いがあること。

(イ) 植物の成長は，暖かい季節，寒い季節などによって違いがあること。

観察・実験

- 校庭や学校の近くでそれぞれの季節によく見られる動物を決めて，1年を通して気温と動物の関係を調べる。
- 校庭や学校の近くで見られる植物を決めて，1年を通して気温と植物の関係を調べる。
- 植物の種をまき，1年を通して気温と育てている植物の関係を調べる。

準備物

□動物図鑑(昆虫,水の生き物,両生類などについての図鑑)　□植物図鑑　□コンピュータ（パソコンやタブレットなど）　□棒温度計　□輪ゴム　□ステープラ　□画用紙　□観察カード　□色鉛筆　□クリップ付きボード　□虫眼鏡　□ものさし　□双眼鏡　□園芸図鑑　□種（ツルレイシやヘチマなど）　□牛乳パック (500 mL)[育苗用ポット]　□はさみ　□土　□麻紐ネット　□麻紐　□支柱　□スコップ（大型）　□移植ごて　□作業用手袋　□じょうろ　□カブトムシの成虫　□飼育ケース　□腐葉土　□枯れ木　□カブトムシの餌（リンゴやバナナ，昆虫ゼリーなど）　□霧吹き　□すずらんテープ　□ビニルテープ　□油性ペン　□模造紙　□セロハンテープ

気温と生物の様子の関係の観察

生物の様子が季節ごとにどのように変わっていくかに興味・関心をもたせ，1年間を通して観察する。

留意点

○虫眼鏡や双眼鏡で太陽を見ないように注意する。

○生物を触る前と触った後には，必ず手を洗う。また，観察する場所によっては虫刺され対策をとることも考えられる。

○季節によっては熱中症の危険があるので，帽子をかぶり，こまめに水分をとるなどの対策を講じる。また，気温と湿度が高い状態の日には活動時間を短くしたり，延期や中止をしたりするなど柔軟に対応する。

気温と育てる植物の様子の関係の観察

ツルレイシやヘチマの発芽温度は，25〜30℃である。土を固めすぎたり水をやりすぎたりしないよう注意しながら発芽させ，継続して観察する。

留意点

○棒温度計は細いガラス器具なので，児童にとっては扱いにくい。落下などにより破損しないように注意する。

○ネットを張ったり，支柱を立てたりした花壇を作るときには，風で倒れたりしないようにしっかりと固定する。

○前述の活動と同様に，熱中症には十分注意する。

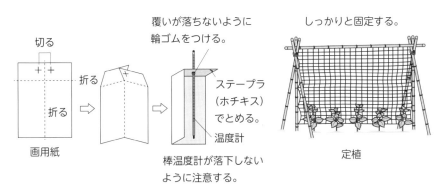

切る

画用紙

折る

折る

覆いが落ちないように
輪ゴムをつける。

ステープラ
（ホチキス）
でとめる。

温度計

棒温度計が落下しない
ように注意する。

気温の測り方

しっかりと固定する。

定植

4年 天気と気温

学習指導要領

B(4) 天気の様子

　天気や自然界の水の様子について，気温や水の行方に着目して，それらと天気の様子や水の状態変化とを関係付けて調べる活動を通して，次の事項を身に付けることができるよう指導する。

ア　次のことを理解するとともに，観察，実験などに関する技能を身に付けること。

(ア) 天気によって1日の気温の変化の仕方に違いがあること。

観察・実験

●気温の測り方を知る。
●天気と1日の気温の変化の関係を調べる。

準備物

□棒温度計　□画用紙　□ステープラ　□はさみ　□輪ゴム　□[百葉箱, 自記温度計]
□時計　□記録用紙　□クリップ付きボード　□グラフ用紙

棒温度計

　棒温度計を使用して晴れの日と雨の日の1日の気温を測定する。棒温度計は3年の地面の温度などを測るために使用している。本単元では条件をそろえながら継続的に温度を測る実践的な活用になる。

留意点

○温度計はガラスでできているので，固いものに当たると容易に割れてしまうので，注意して使用する。

○使用前に，①液だめが割れていないか，②液柱が途切れていないか，③ガラス部分が破損していないか，などについて確認し，ひび割れや欠損があるものは廃棄する。

○机に置くときは，落ちることのないよう中心に置き，転がらないように工夫する。

○使用後は，汚れをきれいに落として丁寧にふき，付属のケースに入れて保管する。

4
年

百葉箱

　各自が温度計を使った測定を習得するとともに，観測に便利な百葉箱を使った気温の測定方法と，読み取り方を習得する。児童は主に記録の読み取りを行う。

留意点

○学校に設置されている百葉箱の状況や，記録用紙の取り付け方，電池の有無などの確認は教師が予め行っておく必要がある。

電池のはたらき

学習指導要領

A(3) 電流の働き

　電流の働きについて，電流の大きさや向きと乾電池につないだ物の様子に着目して，それらを関係付けて調べる活動を通して，次の事項を身に付けることができるよう指導する。

ア　次のことを理解するとともに，観察，実験などに関する技能を身に付けること。

(ア) 乾電池の数やつなぎ方を変えると，電流の大きさや向きが変わり，豆電球の明るさやモーターの回り方が変わること。

観察・実験

● 乾電池を使ってモーターを回す。

● 簡易検流計の使い方を知る。

● 乾電池の向きと電流の向きの関係を調べる。

● 乾電池のつなぎ方と，モーターの回る速さや豆電球の明るさの関係を調べる。

● 乾電池のつなぎ方と電流の大きさの関係を調べる。

● 乾電池で動くおもちゃを作る。

準備物

□モーター　□マンガン乾電池（単三）　□乾電池ホルダー　□プロペラ　□導線（みのむしクリップ付き）　□箱　□セロハンテープ　□ニッパー（教師用）　□はさみ
□糊　□両面テープ　□シール　□アルミニウム箔　□厚紙　□簡易検流計　□豆電球
□導線付きソケット　□スイッチ　□記録用紙

乾電池

　乾電池（化学電池）は，陽極活物質と陰極活物質と電解質からなり，化学反応によって電気を発生させている。外部回路で陽極と陰極をつなぐと，陰極にたまっている電子が流れ出し，豆電球に明かりをつけたり，モーターを回したりすることができる。

留意点

○乾電池の＋極と－極を導線でつなぐと回路がショートした状態となり，大きな電流が流れて乾電池が発熱，破裂，発火する恐れがあるので注意する。

○種類やメーカーの異なる乾電池を混ぜて使用したり，同じ種類やメーカーでも新しい乾電池と使いかけの乾電池や使用済みの乾電池を混ぜて使用したりすると，発熱，液漏れ，破裂を起こすことがあるので注意する。

○乾電池の中の液が皮膚や衣服についたら，水道水などできれいに洗い流す。万一，目に入った場合には失明の恐れもあるので，すぐに多量のきれいな水で洗い流して，医師の診断を受ける。

4
年

簡易検流計

　電流が流れているかどうかの有無を調べる目的に使われる計器。簡易検流計は，微弱な電流の検知が目的ではなく，むしろやや大きな電流が流れても壊れないようにできている。その点で電流計などに比べて扱いやすい。また，電流が流れると電流の向きによって左右のどちらかに振れる。したがって，検流計を回路に接続するときには，電源（乾電池）の＋極か，－極かを知ることができる。

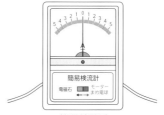

簡易検流計

留意点

○少々の電流では壊れることはないが，流れる電流の見当がつかないときは，「電磁石」側（5 A）につなぐ。

○検流計は電流の流れる向きによって針が左右に振れるので，検流計の端子に＋，－の印を付けておき，乾電池などの極に合わせてつなぐと，針がいつも同じ向きに振れて測りやすい。

○検流計だけを乾電池につなぐとショート回路になり，検流計が壊れることがあるので注意する。

とじこめた空気や水

学習指導要領

A(1) 空気と水の性質

　空気と水の性質について，体積や圧し返す力の変化に着目して，それらと圧す力とを関係付けて調べる活動を通して，次の事項を身に付けることができるよう指導する。

ア　次のことを理解するとともに，観察，実験などに関する技能を身に付けること。

(ア) 閉じ込めた空気を圧すと，体積は小さくなるが，圧し返す力は大きくなること。

(イ) 閉じ込めた空気は圧し縮められるが，水は圧し縮められないこと。

観察・実験

◉空気を袋に閉じ込め，圧す。

◉加えた力の大きさと，空気の体積や手ごたえの関係を調べる。

◉加えた力の大きさと水の関係を調べる。

◉空気や水の性質を利用したおもちゃを作る。

準備物

□ポリエチレンの袋(大)　□ビニルつき針金(ビニタイ)　□注射器[プラスチックの筒，押し棒，ジャガイモ，輪ゴム]　□ゴム板　□色鉛筆　□ビーカー（200 mL）　□水槽

● 空気を集めて調べる活動

　児童は活動に夢中になるあまり思わぬ行動をして，事故につながることがある。空気集めの活動の前には十分に注意を与えるとともに，活動に適した広さや場所を選ぶ。

留意点

○複数の児童が同時に活動を行う場合には，校庭などの広い場所で行う。

○危険が予想される障害物は事前に取り除いておく。また，バスケットゴールなどの固定施設がある場所の近くでの活動は避ける。

○袋に空気を閉じ込めて遊ぶときは，突然袋の口が開くことや扱いによっては袋が破れることもあるので，ビニル付き針金または輪ゴムなどで二重に縛るなどして，十分慎重に行うようにする。

● 閉じ込めた空気や水を調べる実験

　この単元では，注射器やプラスチックの筒と木の押し棒を使って，閉じ込めた空気や水の性質を調べたり，空気でっぽうなどを作ったりする活動を行う。これらの活動に際しては，筒に空気や水を閉じ込めた状態で強い力で圧してバランスを崩してけがをすることや，筒と押し棒の間に手をはさむといった事故が報告されている。

押し棒

輪ゴム
（ストッパーの役割を果たす。）

プラスチックの筒

印

ゴム板
（滑り止めの役割を果たす。）

留意点

○筒にひび割れがないか，押し棒が折れていないか事前に点検しておく。

○圧し縮める空気や水の量が多いと，操作が不安定になるので，筒に押し棒の入るスペースを作っておく。特に，水の場合は，筒の長さの1/3程度にする。

○押し棒は筒より十分に長くしたり，輪ゴムなどでストッパーを作ったりして，筒と押し棒の間に手をはさまないようにする。

○空気でっぽうは，人に向けて打たない。

○筒を机に対して垂直に立てて，中の空気や水を圧す場合は，底部に滑り止めのゴム板などを敷く。

○水を圧す場合は押し棒を無理に押し込まず，空気を圧す場合との違いをとらえられる程度にする。

4年 星や月

B(5) 月と星

　　月や星の特徴について，位置の変化や時間の経過に着目して，それらを関係付けて調べる活動を通して，次の事項を身に付けることができるよう指導する。

　ア　次のことを理解するとともに，観察，実験などに関する技能を身に付けること。

　(ア) 月は日によって形が変わって見え，1日のうちでも時刻によって位置が変わること。

　(イ) 空には，明るさや色の違う星があること。

　(ウ) 星の集まりは，1日のうちでも時刻によって，並び方は変わらないが，位置が変わること。

観察・実験

【星の明るさや色】

●星座早見の使い方を知る。

●星の明るさや色の違いを比べながら調べる。

【月と星の位置の変化】

●半月の位置の変化と時間の関係を調べる。

●満月の位置の変化と時間の関係を調べる。

●星座の位置や並び方の変化と時間の関係を調べる。

【冬の星】

●冬の夜空を眺める。

準備物

□記録用紙　□時計　□星座早見　□懐中電灯　□輪ゴム　□セロハン紙（赤）　□クリップ付きボード　□方位磁針　□［クリアシート（透明のシート），白いペン（修正ペンなど），油性ペン，工作用紙，はさみ，カッターナイフ，カッターマット，セロハンテープ］□星座や神話の本　□天体シミュレーションソフト　□コンピュータ（パソコンやタブレットなど）

●星や月の観察

　星や月の観察は夜間の観察になるので，防犯を含めた安全面での対策が重要となる。また，観察を手際よく行うために，事前に観察の仕方についての指導を十分しておくことが必要である。

留意点

○必ず教師や保護者と一緒に観察する。

○貴重品の管理や不審者がいないかなど，防犯に対する意識ももつ。

○観察場所はなるべく危険がない場所を昼間に探しておき，危険な場所（川や池，崖のそばなど）に近づかないようにする。

○天体望遠鏡や双眼鏡を使用するときに，太陽を絶対に見てはいけない。

○観察場所までの往復には交通事故などに注意する。

○近所迷惑となるような大声を出したり，走り回ったりしない。

○夏の観察では，虫刺されなどの対策を行う。

○冬の観察では，防寒対策を十分に行う。

○山中などで観測する場合には，熊やマムシなどの野生動物にも注意する。

○観察に必要な道具は昼間のうちに準備して，忘れ物のないようにする。

4
年

雨水のゆくえ

B(3) 雨水の行方と地面の様子

　雨水の行方と地面の様子について，流れ方やしみ込み方に着目して，それらと地面の傾きや土の粒の大きさとを関係付けて調べる活動を通して，次の事項を身に付けることができるよう指導する。

ア　次のことを理解するとともに，観察，実験などに関する技能を身に付けること。

(ア) 水は，高い場所から低い場所へと流れて集まること。

(イ) 水のしみ込み方は，土の粒の大きさによって違いがあること。

B(4) 天気の様子

　天気や自然界の水の様子について，気温や水の行方に着目して，それらと天気の様子や水の状態変化とを関係付けて調べる活動を通して，次の事項を身に付けることができるよう指導する。

ア　次のことを理解するとともに，観察，実験などに関する技能を身に付けること。

(イ) 水は，水面や地面などから蒸発し，水蒸気になって空気中に含まれていくこと。また，空気中の水蒸気は，結露して再び水になって現れることがあること。

観察・実験

●地面の傾きと水の流れる方向の関係を調べる。

●土の粒の大きさと水のしみ込み方との関係を調べる。

●水が空気中に出て行くか，水を入れた入れ物を使って比べながら調べる。

●水蒸気が空気中に含まれているか，保冷剤を使って比べながら調べる。

準備物

□定規(12 〜 15 cm)　□クリップ付きボード　□記録用紙　□ペットボトル(300 mL)
□石など重しになる物　□ラップフィルム　□校庭の土　□砂場の砂　□画用紙　□虫眼鏡　□割り箸　□コップ（プラスチック）　□ティッシュペーパー　□移植ごて
□千枚通し（教師用）　□プリンカップ　□輪ゴム　□プラスチック容器（イチゴパックなど）　□竹串　□袋（ジッパー付き）　□保冷剤　□油性ペン　□［コンピュータ（パソコンやタブレットなど）］

土の粒の大きさと水のしみ込み方の関係を調べる実験

　校庭の土や砂場の砂の特徴を調べるために，手ざわりや虫眼鏡で粒の大きさを調べたり，コップに土を入れて水を流し，しみこみ方の違いを観察したりする。

留意点

○雨上がりの校庭にできた水たまりの様子を観察するときは，ぬかるみによる児童の転倒に気をつけるよう配慮する。

○校庭の土や砂場の砂の違いを手ざわりで調べる活動では，指や手についた砂粒で目をこするなどないよう声かけをしていく。活動後は全員手を洗う時間を設けるようにする。

○プラスチックのコップの底に水を通す穴を開ける際は，できるだけ大人が開けるようにする。きりや針等の器具を児童が扱う際には，必ず手袋をした状態で行い，穴の大きさや穴数，器具の扱いについて十分気をつけるようにする。

空気中に含まれる水蒸気を調べる実験

　空気中に水蒸気が含まれているかを調べるために，ジッパー付きのポリエチレンの袋に保冷剤を入れ，袋の外側に水がつくか調べる。

留意点

○保冷剤を素手で扱うことのないように，手袋をはめて扱う。

○保冷剤は繰り返し使用することができるが，廃棄する際は袋から中身を出さずに指定されたゴミの日に他のゴミと一緒にそのまま捨てることができる。多くの自治体では可燃ゴミに分類しているが，不燃ゴミに分類している自治体もあるため，確認が必要となる。保冷剤の中身の高吸収性ポリマーは水分を吸収するはたらきがある。中身を出してトイレや流しなどの排水口に流すとつまる恐れがあるため，捨てないようにする。

4
年

4年 わたしたちの体と運動

学習指導要領

B(1) 人の体のつくりと運動

　人や他の動物について，骨や筋肉のつくりと働きに着目して，それらを関係付けて調べる活動を通して，次の事項を身に付けることができるよう指導する。

ア　次のことを理解するとともに，観察，実験などに関する技能を身に付けること。

(ア) 人の体には骨と筋肉があること。

(イ) 人が体を動かすことができるのは，骨，筋肉の働きによること。

観察・実験

● 骨のつくりと腕の動きの関係を調べる。

● 筋肉のつくりと腕の動きの関係を調べる。

● 体のいろいろな部分について，骨と筋肉の関係を調べる。

● 身近な動物の，骨と筋肉のつくりや動き方を調べる。

準備物

□袋（小）　□油性ペン　□人体図鑑　□コンピュータ（パソコンやタブレットなど）
□牛乳パック（1L）　□リボン（2色）　□はさみ　□セロハンテープ　□粘着テープ
□人体模型（骨格・筋肉）　□学校で飼育している動物（ウサギなど）　□タオル（厚手の物）　□動物（脊椎動物）図鑑

骨や筋肉の働きを調べる活動

物を持ち上げたり，腕で体を支えたり，立ち上がるなどの活動を通じて，骨や筋肉の働きを調べる。

留意点

○物を持ち上げる活動では，極端に重い物を持ち上げないようにする。また，腕で体を支える活動では，周囲の安全に配慮するなど，活動ごとに注意事項を確認しながら行う。

○腕相撲をするときなどに力を入れすぎることにより，けがをすることも考えられるので，力の入れ加減に注意をし，活動の目的を終えたら止めるようにする。

動物の骨と筋肉のつくりや動き方を調べる活動

ウサギの骨格や筋肉を観察するときには，ウサギの前足と後ろ足の間に，左右から手を入れて，片方の手でおしりを支えてそっと抱き上げ，座ってひざにのせてやさしく触って調べる。

留意点

○ウサギの足のつめでけがをしないように，ひざに厚めのタオルを敷く。

○ウサギを驚かせたり，怖がらせたりしないようにする。

○ウサギは，暴れたり噛んだりすることがあるので，注意して体を触るようにする。

○ウサギが落ちてけがをしないように，人の腰より高くまで持ち上げない。

○生き物を触る前と後には，必ず手をよく洗う。

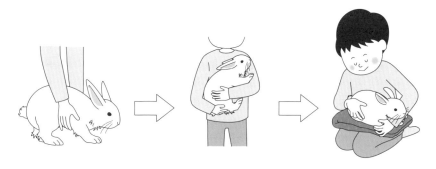

前足と後ろ足の間に左右から手を入れる。

片方の手でおしりを支えてそっと抱き上げる。

座ってひざにのせてやさしく触って調べる。

4年 ものの温度と体積

A(2) 金属，水，空気と温度

　金属，水及び空気の性質について，体積や状態の変化，熱の伝わり方に着目して，それらと温度の変化とを関係付けて調べる活動を通して，次の事項を身に付けることができるよう指導する。

ア　次のことを理解するとともに，観察，実験などに関する技能を身に付けること。

(ア) 金属，水及び空気は，温めたり冷やしたりすると，それらの体積が変わるが，その程度には違いがあること。

観察・実験

●空のペットボトルを湯や氷水の中に入れたときのペットボトルの様子を調べる。
●空気の温度の変化と体積の変化の関係を調べる。
●水の温度の変化と体積の変化の関係を調べる。
●金属の温度の変化と体積の変化の関係を調べる。

準備物

□ペットボトル（柔らかい物，500 mL）　□水槽　□湯　□氷　□試験管　□石けん水　□ペトリ皿　□ビーカー（500 mL）　□［ろうと，ゴム栓（1穴），ピンセット，脱脂綿]　□色鉛筆　□瓶　□硬貨（一円）　□スタンド　□スポイト　□金属球膨張試験器　□実験用ガスこんろ，ガスボンベ［アルコールランプ，マッチ，燃えがら入れ]　□ぬれ雑巾　□空き缶

● 空気や水の温度の変化と体積の関係を調べる実験

空気や水を温めたり冷やしたりして温度を変化させ，体積の変化との関係を調べる。

留意点

○湯は温度が 50 〜 60℃ くらいのものを使用する。それ以上の温度は火傷の危険
　があるため使用しない。

○へこませたペットボトルを湯に入れて膨らませる実験のときに，急にペットボ
　トルが膨らむことにより湯がはねることがあるので注意する。

○試験管を温めるときに強く握ると割れることがあるので，あまり強く握りすぎ
　ないよう注意する。

○石けん水の膜が割れたときに石けん水が目に入らないように注意する。洗濯の
　りや砂糖を少量加えると粘度が増し，割れにくくなる。

● 金属の温度の変化と体積の関係を調べる実験

　金属の温度変化と体積の関係について，金属球を熱して輪を通り抜けるかどう
かを調べる。その際に，金属の膨張（体積変化）はわずかであるため，目視によ
りその変化を捉えることは難しい。したがって，金属球膨張試験器を用いる。

留意点

○熱した金属球や周辺の金属部分はかなり高温になるので，火傷に注意する。実
　験の目的を達したら，水ですぐに冷却してぬれ雑巾の上に置いておく。

○金属球膨張試験器だけではなく，金属球を加熱するときに使用する熱源にも十
　分注意する。

○実験後に金属球を輪に通したままにしておくと，冷えた後に変形により輪から
　抜けなくなることがあるので，実験が終わったら輪からはずしておく。

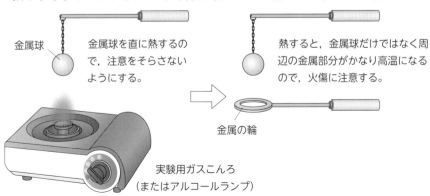

金属球

金属球を直に熱するの
で，注意をそらさない
ようにする。

熱すると，金属球だけではなく周
辺の金属部分がかなり高温になる
ので，火傷に注意する。

金属の輪

実験用ガスこんろ
（またはアルコールランプ）

もののあたたまり方

学習指導要領

A(2) 金属，水，空気と温度

　金属，水及び空気の性質について，体積や状態の変化，熱の伝わり方に着目して，それらと温度の変化とを関係付けて調べる活動を通して，次の事項を身に付けることができるよう指導する。

ア　次のことを理解するとともに，観察，実験などに関する技能を身に付けること。

(イ) 金属は熱せられた部分から順に温まるが，水や空気は熱せられた部分が移動して全体が温まること。

観察・実験

● 金属の熱したところと温まり方の関係を調べる。

● 水の温まり方を金属の温まり方と比べながら調べる。

● 空気の温まり方を金属や水の温まり方と比べながら調べる。

準備物

□金属（銅）の棒　□金属（銅）の板　□スタンド　□ろう　□実験用ガスこんろ，ガスボンベ［アルコールランプ，マッチ，燃えがら入れ］　□ぬれ雑巾　□色鉛筆　□試験管　□ガラス棒　□示温テープ（サーモテープ）　□保護眼鏡　□ビーカー（500 mL）□絵の具(金色)［示温インク（サーモインク）］　□スポイト　□金網　□[三脚]　□[棒温度計，デジタル温度計]　□割り箸　□インスタントかいろ　□アルミニウム箔□線香

◯金属の温まり方を調べる実験

ろうの融ける様子から，金属の温まり方を調べる。

留意点

◯実験中は，金属の棒や板，加熱器具，スタンドなどがかなりの高温となるので，実験後は完全に冷えるまで触らないようにする。

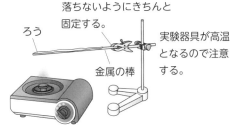

落ちないようにきちんと固定する。

ろう

実験器具が高温となるので注意する。

金属の棒

◯金属の棒など，実験用スタンドに固定したものが落ちないようにきちんと固定する。

◯水や空気の温まり方を調べる実験

水の温まり方は，示温テープの色の変化や絵の具，示温インクの動きによって調べることができる。

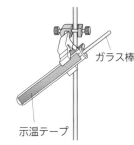

ガラス棒

示温テープ

絵の具

示温インクを入れた水でもよい。

留意点

◯容器の外側をぬらしたまま加熱しない。ぬれたままだと割れることがある。

◯試験管で加熱するときには，液面付近を加熱すると試験管が割れることがあるので，注意する。

◯水を熱しているときに湯が目に入らないように保護眼鏡をかけて実験する。

◯実験中は湯が試験管から飛び出ることがあるので，試験管の口を人のいる方に向けない。

◯指定サイズよりも大きい金網を使用すると，金網のセラミックの輻射熱により，実験用ガスこんろ本体の温度が上がる恐れがあるので，必ず指定サイズの金網を使用するようにする。

◯示温テープの色の変化がわかったり，絵の具や示温インクの動きがわかったりしたら，加熱するのをやめる。

◯加熱実験に使用したものは，すべて冷えるまで触らないようにする。

4
年

73

4年 すがたを変える水

学習指導要領

A(2) 金属，水，空気と温度

　金属，水及び空気の性質について，体積や状態の変化，熱の伝わり方に着目して，それらと温度の変化とを関係付けて調べる活動を通して，次の事項を身に付けることができるよう指導する。

ア　次のことを理解するとともに，観察，実験などに関する技能を身に付けること。

(ウ) 水は，温度によって水蒸気や氷に変わること。また，水が氷になると体積が増えること。

観察・実験

● 水を熱したときの水の様子を調べる。

● 水が沸騰しているときに出てくる泡を調べる。

● 水を熱したときの様子と温度の変化の関係を調べる。

● 水を冷やし続けたときの様子と温度の変化の関係を調べる。

準備物

□鍋　□ビーカー（500 mL）　□沸騰石　□撹拌棒　□アルミニウム箔　□実験用ガスこんろ，ガスボンベ［アルコールランプ，マッチ，燃えがら入れ，三脚］　□金網　□ぬれ雑巾　□保護眼鏡　□ゴム栓（1穴）　□ろうと　□ビニルつき針金（ビニタイ）　□ポリエチレンの袋（小）　□スタンド　□グラフ用紙　□棒温度計　□糸　□デジタルタイマー［ストップウォッチ］　□試験管　□食塩　□氷　□ボール　□ストロー

● 沸騰石の利用

　水を加熱するときには，突沸（突然沸騰が起こり，熱湯が吹き出すこと）が起きないよう，沸騰石を入れる。

留意点

○使用済みの沸騰石は，内部の空気がなくなっているので，繰り返し使用することができない。そのため，実験のたびに新しい沸騰石を準備する。

● 水を熱したときの様子や温度の変化を調べる実験

　水を熱して沸騰させて，ビーカーの中やアルミニウム箔の穴の上に何か見えるか調べる。また，ポリエチレンの袋を用いる実験では，袋の変化の様子を調べる。

留意点

○湯や湯気，高温の水蒸気が目に入らないように，保護眼鏡をかけて実験する。

○アルミニウム箔の穴から高温の湯気が出るので，手や顔を近づけないようにする。

○熱した実験器具はかなり熱くなるので，冷めるまで触らないよう注意する。

○ビーカーの中に温度計を入れて温度の変化を調べる実験では，温度計の先端がビーカーの底に触れないようにする。

撹拌棒

アルミニウム箔

穴

沸騰石を必ず
入れる。

● 水を冷やしたときの様子や温度の変化を調べる実験

　水を冷やし続けて，水の温度の変化の様子を調べる。

留意点

○実験中はおよそ2分間ごとに指先で試験管を揺らして過冷却が起きないようにする必要があるが，あまり強く揺らして試験管や温度計を破損させないよう注意する。

○試験管をビーカーの中に入れたまま放置すると，試験管が割れる恐れがあるので，実験後は早めに取り出すようにする。

5年 天気の変化

学 習 指 導 要 領

B(4) 天気の変化

　天気の変化の仕方について，雲の様子を観測したり，映像などの気象情報を活用したりする中で，雲の量や動きに着目して，それらと天気の変化とを関係付けて調べる活動を通して，次の事項を身に付けることができるよう指導する。

ア　次のことを理解するとともに，観察，実験などに関する技能を身に付けること。

(ア) 天気の変化は，雲の量や動きと関係があること。

(イ) 天気の変化は，映像などの気象情報を用いて予想できること。

観察・実験

●雲の様子と天気の変化の関係を調べる。

●気象情報と天気の変化の関係を調べる。

準備物

□雲に関する資料　□記録用紙　□コンピュータ（パソコンやタブレットなど）

□クリップ付きボード　□気象情報（雲画像，雨量情報など）　□方位磁針

● 雲の様子の観察

　雲の様子を観察するときは，空一面が見えるところを観察場所に設定し，雲の量や動きなどを観察する。

留意点

○晴れた日の空の観察は，太陽を直視しないよう配慮する。

○デジタルカメラやビデオカメラを扱うときは，使用のきまりを確認し，丁寧に扱うよう指導する。

● コンピュータの利用

　気象情報の入手はコンピュータ等を用いる。学校既存のコンピュータを使用する際には，コンピュータ室のルール等に従い，安全に操作できるよう指導する。

留意点

○学校のコンピュータ使用のきまりを確認して行う。また，家庭のコンピュータを使用して学習するときは，予め保護者に連絡をしておくとよい。

○電源の入れ方，消し方，インターネットの開き方の手順を指導する。

○印刷する際には教師と相談して行うようにし，むやみに印刷しないよう心掛ける。必要によっては，必要な情報をノートに記録する活動も考えられる。

○情報モラルの観点から，安全で正しいインターネットの扱いが行えるよう指導する。

○ノート型 PC，およびタブレット PC を使用するときは，机上を整理整頓し，落とすことのないよう心掛ける。

5
年

植物の発芽と成長

学習指導要領

B(1) 植物の発芽, 成長, 結実

　植物の育ち方について, 発芽, 成長及び結実の様子に着目して, それらに関わる条件を制御しながら調べる活動を通して, 次の事項を身に付けることができるよう指導する。

ア　次のことを理解するとともに, 観察, 実験などに関する技能を身に付けること。

㋐ 植物は, 種子の中の養分を基にして発芽すること。

㋑ 植物の発芽には, 水, 空気及び温度が関係していること。

㋒ 植物の成長には, 日光や肥料などが関係していること。

観察・実験

● 発芽に水が必要かどうか, 条件を整えて調べる。

● 発芽に空気が必要かどうか, 条件を整えて調べる。

● 発芽に温度が関係するかどうか, 条件を整えて調べる。

● ヨウ素液の使い方を知る。

● 種子に養分が含まれているかどうか, 発芽して成長したものの子葉と比べながら調べる。

● 植物の成長に日光が必要かどうか, 条件を整えて調べる。

● 植物の成長に肥料が必要かどうか, 条件を整えて調べる。

準備物

□インゲンマメの種子　□プリンカップ　□脱脂綿　□段ボール箱　□冷蔵庫　□ペトリ皿　□カッターナイフ　□板（かまぼこ板など）　□ヨウ素液　□スポイト　□ペットボトル（2 L）　□はさみ　□セロハンテープ　□肥料（液体）　□パーライト（または肥料の入っていない培養土）　□アサガオの種子　□土　□植木鉢　□受け皿　□支柱　□じょうろ　□移植ごて

● ヨウ素液

　ヨウ素液は，ヨウ素をヨウ化カリウム溶液に溶かしたもので薄い茶色をしており，褐色びんに入れて光の当たらない場所で保存する。

　ヨウ素液をデンプンにつけると，ヨウ素デンプン反応により青紫色に呈色する。

留意点

○ヨウ素には昇華性があるので，褐色びんのふたをきちんと閉めて保存する。

○ヨウ素液が目に入ったり皮膚についたりした場合には，多量の水で洗い流す。

○児童の衣服につかないよう指導する。万が一，付着してしまった場合には，洗剤で洗っても落ちない。ハイポ（チオ硫酸ナトリウム水溶液）などの塩素中和剤を用いて色抜きをし，ヨウ素液の色が消えたら水で洗い流す。

● 種子に含まれる養分を調べる実験

　水に浸しておいたインゲンマメなどの種子と，発芽して成長したものの子葉をカッターナイフで切り，ヨウ素液をかけて色の変化を比べる。

留意点

○固い種子をカッターナイフで切るときにけがをすることが多い。よって，十分に水に浸し，柔らかくしてから活動を行うようにする。

○種子と子葉をカッターナイフで切るときには，板やカッターマットを下に敷いて手などを切らないように注意する。

○ヨウ素液は，紅茶くらいの色の濃さのものを使用するとよい。色が濃すぎると青紫色より濃く黒っぽくなることがある。

種子を1日程度水に浸しておくと，柔らかくなって切りやすい。

カッターナイフで手などを切らないようにする。

メダカのたんじょう／人のたんじょう

B(2) 動物の誕生

　動物の発生や成長について，魚を育てたり人の発生についての資料を活用したりする中で，卵や胎児の様子に着目して，時間の経過と関係付けて調べる活動を通して，次の事項を身に付けることができるよう指導する。

ア　次のことを理解するとともに，観察，実験などに関する技能を身に付けること。

(ア) 魚には雌雄があり，生まれた卵は日がたつにつれて中の様子が変化してかえること。

(イ) 人は，母体内で成長して生まれること。

観察・実験

【メダカのたんじょう】

● メダカを飼って観察する。

● 双眼実体顕微鏡（または解剖顕微鏡）の使い方を知る。

● メダカの卵の中の様子を変化したところを比べながら調べる。

【人のたんじょう】

● 胎児の成長の様子をメダカの成長の様子と比べながら調べる。

準備物

【メダカのたんじょう】

□メダカ（雄と雌）　□水槽　□小石　□水草　□水温計　□メダカの餌　□汲み置きの水　□［ペットボトル（2 L），セロハンテープ，カッターナイフ］　□はさみ　□ペトリ皿　□観察カード　□色鉛筆　□双眼実体顕微鏡（または解剖顕微鏡）

【人のたんじょう】

□人体図鑑　□コンピュータ（パソコンやタブレットなど）　□色鉛筆　□模造紙　□油性ペン　□ペットボトル（1.5 L）

● メダカの飼育

5
年

留意点

○ メダカは急激な温度変化に弱いので，すぐに水槽に入れないようにする。しばらくの間はメダカが入ったポリエチレン袋ごと水槽に入れて，水温が同じになってから水槽に入れるようにする。

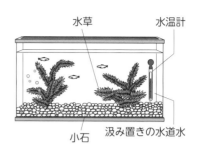

メダカの飼育環境

○ メダカの数は水槽の大きさに合わせる（幅45cm規格の水槽で15匹程度）。

○水槽は持ち運びをしないようにする。水槽を移動する際には水を減らした後，上部を持たず底に手を当てて，2人で運ぶようにする。

● スライドガラス・カバーガラス

スライドガラスは，おもに顕微鏡を用いて観察するときに小さな試料を載せるために用いるガラス板で，普通のスライドガラスのほかに，ホールスライドガラス，目盛り付きスライドガラスなどがある。ホールスライドガラスは，ミジンコなどの生物を観察するときに便利である。目盛り付きスライドガラスは顕微鏡を見ながら試料の大きさを知ることができる。

カバーガラスは，スライドガラスに載せた試料の上に載せる薄いガラス板であり，透明プラスチック製で取り扱いやすい安全カバーガラスというものもある。

カバーガラスをかけて検鏡するときは，試料にカバーガラスをかけた後に，吸い取り紙で余分な水を吸い取るようにする。

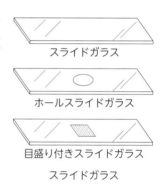

スライドガラス

ホールスライドガラス

目盛り付きスライドガラス

スライドガラス

カバーガラス

留意点

○カバーガラスは薄くて角が欠けたり割れたりしやすいので，手をきれいに洗ってから指でていねいに取り出す。

○欠けたカバーガラスで手を切ることがあるので，注意する。

5年 台風と防災

B(4) 天気の変化

　天気の変化の仕方について，雲の様子を観測したり，映像などの気象情報を活用したりする中で，雲の量や動きに着目して，それらと天気の変化とを関係付けて調べる活動を通して，次の事項を身に付けることができるよう指導する。

ア　次のことを理解するとともに，観察，実験などに関する技能を身に付けること。

(ア) 天気の変化は，雲の量や動きと関係があること。

(イ) 天気の変化は，映像などの気象情報を用いて予想できること。

観察・実験

●台風が近づいたときの気象情報と天気の変化の関係を調べる。

準備物

□コンピュータ（パソコンやタブレットなど）　□気象情報（雲画像，雨量情報，台風に関する情報など）

●台風と天気の変化を調べる活動

　台風が日本に近づくときを活動時期とし，気象情報を基にしながら台風の進み方やそのときの天気の変化の傾向を読み取る。

留意点

○台風が近づいたときに，野外に出ることは危険であるため，外に出て観察しないことを指導し，情報収集による調べ活動を中心としていく。

○台風が過ぎ去った後も，被害や災害の様子を見学することは危険であるため，近づかないようにする。また，災害にあった方々への配慮を考慮した授業展開を心掛ける。

●コンピュータの利用

　気象情報の入手はコンピュータ等を用いる。学校既存のコンピュータを使用する際には，コンピュータ室のルール等に従い，安全に操作できるよう指導する。台風情報は気象庁や各気象会社のホームページから入手することができるが，情報量が多いため調べる観点を明確にして活動できるようにする。

留意点

○学校のコンピュータ使用のきまりを確認して行う。また，家庭のコンピュータを使用して学習するときは，予め保護者に連絡をしておくとよい。

○電源の入れ方，消し方，インターネットの開き方の手順を指導する。

○印刷する際には教師と相談して行うようにし，むやみに印刷しないよう心掛ける。必要によっては，必要な情報をノートに記録する活動も考えられる。

○情報モラルの観点から，安全で正しいインターネットの扱いが行えるよう指導する。

○ノート型 PC，およびタブレット PC を使用するときは，机上を整理整頓し，落とすことのないよう心掛ける。

植物の実や種子のでき方

B(1) 植物の発芽，成長，結実

　植物の育ち方について，発芽，成長及び結実の様子に着目して，それらに関わる条件を制御しながら調べる活動を通して，次の事項を身に付けることができるよう指導する。

ア　次のことを理解するとともに，観察，実験などに関する技能を身に付けること。

(エ)　花にはおしべやめしべなどがあり，花粉がめしべの先に付くとめしべのもとが実になり，実の中に種子ができること。

観察・実験

● 花のつくりを他の花と比べながら調べる。

● 花粉の様子を調べる。

● 花が開く前と後のおしべとめしべを比べながら調べる。

● 受粉させた花と受粉させなかった花の変化を，条件を整えて調べる。

準備物

□植物図鑑　□コンピュータ（パソコンやタブレットなど）　□アサガオの株　□バット　□観察カード　□色鉛筆　□ピンセット　□スライドガラス　□顕微鏡　□虫眼鏡　□袋　□モール（2色）　□［ツルレイシの株］，□［筆］

◯ おしべとめしべの観察

虫眼鏡を用いて花が開く前後のおしべとめしべを観察する。

留意点

◯つぼみを割くときにカッターナイフを使う場合には，手を切らないように注意する。

◯鉢を床などに置いていすに座り，落ち着いて作業する。

◯虫眼鏡を用いておしべとめしべの観察をするときに，目を傷めるので太陽を見ないように注意する。

①虫眼鏡を目の近くに持つ。
②見るものに近づいたり遠ざかったりして，はっきりと見えるところで止める。

◯ 花粉の観察

花粉の大きさや形，色は植物の種類によって異なる。アサガオやオクラ，ホウセンカなどさまざまな植物の花粉を観察するとよい。

留意点

◯花粉は水分を吸収しすぎると破裂してしまうため，顕微鏡では水やカバーガラスを用いずに，スライドガラスに直接載せたものを観察する。したがって，対物レンズを

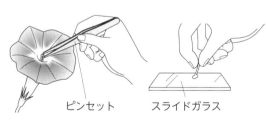

ピンセット　　　　スライドガラス

水やカバーガラスを用いない。

花粉に近づけすぎて，レンズに花粉がつくことのないように注意する。

※顕微鏡の使い方 ⇒ p.124 参照

流れる水のはたらきと土地の変化

学 習 指 導 要 領

B(3) 流れる水の働きと土地の変化

　流れる水の働きと土地の変化について，水の速さや量に着目して，それらの条件を制御しながら調べる活動を通して，次の事項を身に付けることができるよう指導する。

ア　次のことを理解するとともに，観察，実験などに関する技能を身に付けること。

(ア) 流れる水には，土地を侵食したり，石や土などを運搬したり堆積させたりする働きがあること。

(イ) 川の上流と下流によって，川原の石の大きさや形に違いがあること。

(ウ) 雨の降り方によって，流れる水の速さや量は変わり，増水により土地の様子が大きく変化する場合があること。

観察・実験

●流れる水の量とその働きの関係を調べる。

●流れる水の速さと川原の石の大きさや形の関係を調べる。

●水の量の変化と土地の変化の関係を調べる。

準備物

□土　□スコップ（大型）　□［雨どい，ペットボトル（500 mL），セロハンテープ，おがくず，ホース］　□流水実験器（穴の開いたトレイ）　□千枚通し　□記録用紙　□クリップ付きボード　□水槽（理科実験用）　□移植ごて　□ソース入れカップ　□板（小石や砂をのせる板，水をさえぎる）　□小石や砂　□タオル　□運動靴（濡れてもよい物）　□ライフジャケット　□救急用品　□川の上流・下流に関する資料　□洪水時の様子がわかる資料　□コンピュータ（パソコンやタブレットなど）□はさみ　□コップ（プラスチック）　□滑り止めマット

●川での観察と実験

　川での観察に際しては，安全で目的にあった川を選ぶために必ず事前調査を行う。川の水量は状況によって変化するので，観察当日の天気などだけではなく，前日あるいは前々日の上流での降雨などにも注意する必要がある。状況によっては活動を変更や中止するなど，安全を第一に考えて行動することが大切である。

場所の選定

　以下のすべてを満足するような場所はなかなか見つからないが，なるべく多くの条件がそろう場所を選ぶようにする。

ダムの放水による増水はないか。

水深はどのくらいであるか。
急に深くなっているところはないか。
教師の目が届かない場所はないか。

川原におりやすい場所であるか。

活動をしやすい十分な広さがあるか。

石投げは絶対に禁止させる。

ガラス・空き缶など危険物はないか。

水の流れはゆるやかであること。

水深はひざよりも下ぐらいがよい。必ず靴をはかせること。

○川原があり，石や砂が見られ，危険物がないこと。
○川の中に入って，流れとその働きが調べられる程度の水深と水量であること。
○流れの速いところと遅いところがわかること。
○川が曲がって流れるところがあって，外側が崖になっていること。
○携帯電話の電波が届く場所であること。
○近くにトイレがあること。

留意点

○ダムの放水による増水はないか注意する。
○ラジオや携帯電話などで気象情報を収集し，天気が急変したらすぐに中止する。
○水深はどのくらいであるか，急に深くなっているところはないか，教師の目が届かない場所はないか，注意する。
○川に入る児童にはライフジャケットを着用させる。
○ひざより深いところには入らせない。また，濡れてもよい靴をはかせる。
○川原におりやすい場所であるか。活動をしやすい十分な広さがあるかどうか。
○児童が川に入るときは，必ず大人が川下に立ち，安全管理を徹底するようにする。
○石投げは絶対に禁止させる。
○ガラス・空き缶など危険物はないか注意する。

5
年

⑤年 もののとけ方

学習指導要領

A(1) 物の溶け方

物の溶け方について，溶ける量や様子に着目して，水の温度や量などの条件を制御しながら調べる活動を通して，次の事項を身に付けることができるよう指導する。

ア　次のことを理解するとともに，観察，実験などに関する技能を身に付けること。

(ア) 物が水に溶けても，水と物とを合わせた重さは変わらないこと。

(イ) 物が水に溶ける量には，限度があること。

(ウ) 物が水に溶ける量は水の温度や量，溶ける物によって違うこと。

また，この性質を利用して，溶けている物を取り出すことができること。

観察・実験

● 水に溶かす前の全体の重さと溶かした後の全体の重さを比べながら調べる。
● 物が水に溶ける量を，条件を整えて調べる。
● 水の量や水溶液の温度を変えたときの物が水に溶ける量を，条件を整えて調べる。
● ろ過の仕方を知る。
● 水の量や水溶液の温度と，溶けている物が出てくることの関係を調べる。

準備物

□ビーカー（500 mL，200 mL）　□ティーバッグ　□食塩　□割り箸　□薬包紙
□薬さじ　□保護眼鏡　□サンプル管（100 mL）　□電子天秤　□コーヒーシュガー
□撹拌棒　□色鉛筆　□ミョウバン（硫酸カリウムアルミニウム 12 水和物）
□メスシリンダー（100 mL）　□スポイト　□紙（黒）　□ラップフィルム　□輪ゴム
□ビニルテープ　□発泡ポリスチレンの容器　□湯　□ろうと　□ろうと台　□ろ紙
□実験用ガスこんろ，ガスボンベ［アルコールランプ，マッチ，燃えがら入れ，三脚］
□金網　□蒸発皿　□駒込ピペット　□ぬれ雑巾　□プラスチック容器　□氷　□ペトリ皿　□糸（つり糸など）　□発泡ポリスチレンの箱

● 撹拌棒

液体をかき混ぜる際に使用する。液体や，溶ける物と化学反応しない素材を選択する。ガラス製が一般的であったが，ポリプロピレン製が普及するようになった。

留意点

○ ガラス製の場合は，ビーカー等を割らないように，シリコンゴムチューブをかぶせる工夫をする。

○ ビーカー等に入れたままにしないよう，トレイや置台を用意する。

○ かき混ぜる際は，ビーカー等になるべく触れないようにする。

● メスシリンダー

液体の正確な体積を測ることができる。

留意点

転倒して破損しないように，ゴムリングをつけたり，置く場所に配慮したり，使用後はトレイに倒したりしておくなどの工夫をする。

● 蒸発乾固の方法

加熱の仕方にはいろいろな方法がある。蒸発乾固の目的，加熱する量，加熱にかけられる時間などによって最適な方法を選択する。

○ 金網に載せて加熱する。

○ 溶液を加熱して水分が少なくなると析出した試料がはねやすくなるので，残り少量の水分は余熱を利用して蒸発させる。

○ 液が沸騰するとはねるので，沸騰し始めたら顔を近づけないようにする。

○ 熱したものや器具は熱くなっているので，冷えるまで触らないようにする。

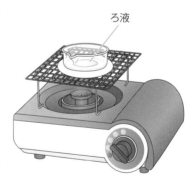

ろ液

⑤年 ふりこの動き

学習指導要領

A（2）振り子の運動

　振り子の運動の規則性について，振り子が1往復する時間に着目して，おもりの重さや振り子の長さなどの条件を制御しながら調べる活動を通して，次の事項を身に付けることができるよう指導する。

ア　次のことを理解するとともに，観察，実験などに関する技能を身に付けること。

(ア) 振り子が1往復する時間は，おもりの重さなどによっては変わらないが，振り子の長さによって変わること。

観察・実験

● 振り子の1往復する時間は，振り子の長さで変わるか条件を整えて調べる。
● 振り子の1往復する時間は，おもりの重さで変わるか条件を整えて調べる。
● 振り子の1往復する時間は，振れ幅で変わるか条件を整えて調べる。
● メトロノームなどを作る。

準備物

□糸（たこ糸など）　□玉（ガラス・木・金属）　□両面テープ　□粘着テープ［熱収縮チューブ，ドライヤー］　□CD，CDプレーヤー　□メトロノーム　□はさみ　□スタンド　□ダブルクリップ　□厚紙　□分度器　□デジタルタイマー［ストップウォッチ］　□模造紙　□シール（赤・青・黄色）　□紐（長い物）　□ボール　□ボールネット　□クリップ付きボード　□油性ペン

● 振り子の体感を通した活動

　身近な遊具であるブランコやターザンロープにより，児童は振り子の運動の特性について，体感を通して捉えることができる。周囲の安全を確保した上で活動する。

留意点

○遊具の強度等について，事前に安全点検を行っておく。

○ブランコを用いた活動では，立ちこぎをしたり2人乗りで揺らしたりしない。

○ターザンロープを用いた活動では，高いところに登らせたり，2人以上の児童につかまらせて揺らしたりしない。また，マットなどを下に敷くなどの措置を講ずるようにする。

○いずれの活動でも，周囲の児童に対しては衝突などの事故が起きない安全な位置で観察させる。

周囲の安全を確保して活動する。

● 振り子の1往復する時間を調べる実験

留意点

○ガラス玉や金属の玉などのおもりは，振ったときにおもりが外れないよう，しっかりと糸につけておく。

○おもりを振るときは，周囲の安全を確保した上で，必要以上に角度をつけて振らないようにする。

○振り子の長さを長くする実験では，おもりが机に当たらないように注意する。

○安全面からスタンドは重いスタンドを使用し，軽いスタンドを使用する場合は，しっかりと固定する。また，水平の安定した場所に置く。

○スタンドが倒れないように振り子は勢いをつけずに静かに振る。

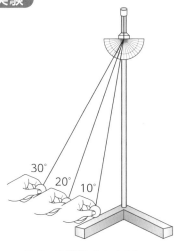

スタンドが倒れないように
注意する。

電磁石の性質

学習指導要領

A(3) 電流がつくる磁力

　電流がつくる磁力について，電流の大きさや向き，コイルの巻数などに着目して，それらの条件を制御しながら調べる活動を通して，次の事項を身に付けることができるよう指導する。

　ア　次のことを理解するとともに，観察，実験などに関する技能を身に付けること。

　(ア) 電流の流れているコイルは，鉄心を磁化する働きがあり，電流の向きが変わると，電磁石の極も変わること。

　(イ) 電磁石の強さは，電流の大きさや導線の巻数によって変わること。

観察・実験

●電磁石を作る。

●電流の向きと電磁石の極のでき方の関係を調べる。

●電流の大きさと電磁石の強さの関係を，条件を整えて調べる。

●コイルの巻数と電磁石の強さの関係を，条件を整えて調べる。

●電磁石を利用したおもちゃを作る。

準備物

□釘(鉄, 10 cm)　□ビニル導線(太さ 0.4 mm の単芯) [エナメル線(太さ 0.3〜0.4 mm)，ストロー]　□マンガン乾電池（単三）　□乾電池ホルダー　□導線（みのむしクリップ付き）　□スイッチ　□ニッパー　□はさみ　□工作用紙　□セロハンテープ　□クリップ（鉄）　□紙（コピー用紙など）　□方位磁針　□簡易検流計

電磁石

電磁石は，導線に電気を流すと磁界が生じることを利用している。

留意点

○鉄釘やエナメル線の先端が手などに刺さらないように注意する。

○エナメル線をストローに巻きつけているときなどに，ストローの先が目に入ることも考えられるので注意する。

○電磁石の性質を調べる実験は，豆電球やモーターなどの抵抗がない回路で行うため，大きな電流が流れる。したがって，コイルが発熱をして危険なため，乾電池をつないだままにしない。

○乾電池ではなく電源装置を使用すると，誤って過度な電流を流してしまう危険があるので，専門の知識がない場合は使用しない。

○コイルに過度な電流が流れると，エナメル線の場合は導線が高温になって火傷をする恐れがある。ビニル導線の場合は導線が高温になることにより，被覆のビニルが融けることがあるので注意する。

○電磁石をキャッシュカード・IC カードなどの磁気カードや，コンピュータなどの磁気を利用しているものに近づけないように注意する。

強力電磁石

電流の大きさやコイルの巻数を変えることにより，強力な電磁石を作ることができるが，児童の興味が思わぬ事故につながりかねないので注意する。

留意点

○強力電磁石を作ってその強さを試すときに，クリップなどを多くつけて高いところまで持ち上げると急に落ちることもあるので注意する。

安全装置が正しく働くかどうかを事前に確認する。

○市販されている強力電磁石には，1.5 V の乾電池で約 60 kg まで持ち上げたりできる電磁石があるが，安全装置が正しく働くかどうか事前に確認してから使用する。

○強力電磁石を児童 2 人が片方ずつ引っ張ることはしない。1 人が両手で引っ張るようにする。

6年 ものの燃え方

A(1) 燃焼の仕組み

　燃焼の仕組みについて，空気の変化に着目して，物の燃え方を多面的に調べる活動を通して，次の事項を身に付けることができるよう指導する。

ア　次のことを理解するとともに，観察，実験などに関する技能を身に付けること。

(ア)　植物体が燃えるときには，空気中の酸素が使われて二酸化炭素ができること。

観察・実験

● ろうそくが燃えるときの空気の様子を調べる。

● 窒素，酸素，二酸化炭素の気体の中でのろうそくの燃え方を比べながら調べる。

● 気体検知管，石灰水の使い方を知る。

● 燃やす前と燃やした後の空気をいろいろな方法で調べる。

準備物

□集気びん（250 mL，底なし）　□集気びんのふた　□ろうそく　□ろうそく立て　□粘土　□板　□マッチ　□燃えがら入れ　□ぬれ雑巾　□線香　□ボンベ（窒素，酸素，二酸化炭素）　□ゴム管　□水槽　□燃焼さじ　□アルミニウム箔　□ピンセット　□割り箸　□実験用ガスこんろ　□ガスボンベ　□金網　□空き缶　□植物の葉や松かさなど　□石灰水　□撹拌棒　□ビーカー（200 mL）　□保護眼鏡　□気体検知管（酸素用，二酸化炭素 0.03 ～ 1.0％用，0.5 ～ 8.0％用），気体採取器［簡易型酸素測定器，酸素・二酸化炭素測定器］　□段ボール紙　□ガーゼ　□針金

● 酸素中での燃焼実験

　酸素の中で物を燃やすと，非常に激しく燃える。そのため，びんが割れたり，ふたが熱くなったりして火傷の危険が大きい。十分に注意して実験させるようにする。

留意点

○物を燃やす実験のときには必ず換気をする。また，近くに燃えやすい物を置かないようにする。

○マッチで火をつけるときは，マッチを人のいない方に向けて擦るようにし，また児童自身の服（特に袖口）やその周辺にも燃え移らないように注意する。また，燃えがら入れやぬれ雑巾も準備しておく。

○集気びんにひび割れがないことを確かめておく。

○集気びんの内部でろうそくを燃焼させる実験では，集気びんやふたが熱くなるので，火傷をしないように注意する。

○酸素ボンベの気体を吸わないようにする。

○酸素濃度が高い中で物を燃やすと，非常に激しく燃えるため，集気びんの底に水を入れてびんが割れないようにしておく。

○実験中は火の近くに顔を近づけすぎないようにする。

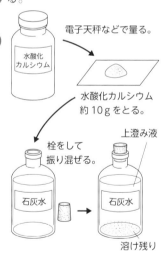

集気びんやふたが熱くなるので，注意する。

水を入れておく。

● 石灰水（水酸化カルシウム飽和水溶液）

　石灰水は強いアルカリ性を示し，二酸化炭素が溶け込むと炭酸カルシウムが生じて白濁する。この性質を利用して，気体中の二酸化炭素の有無を調べることができる。

留意点

○石灰水を扱うときには保護眼鏡をかける。

○誤って皮膚についたら多量の水で洗い流すようにし，症状によっては医師に相談するようにする。

○びんにゴム栓をして密閉した状態にして保存する。

○石灰水を短時間で作るときには，水に水酸化カルシウムを溶かして十分にかき混ぜて，その後，ろ過してろ液を用いてもよいが，すぐにろ紙が目詰まりしてしまうので，ろ紙を取り替えながらろ過を行う必要がある。

電子天秤などで量る。

水酸化カルシウム約10gをとる。

栓をして振り混ぜる。

上澄み液

溶け残り

水酸化カルシウム約10gを水500mLに加える。

上澄み液が石灰水である。使用するときに，別の容器に上澄み液をとる。

石灰水500mLの作り方

植物の成長と日光の関わり／水の関わり

学習指導要領

B(2) 植物の養分と水の通り道

植物について，その体のつくり，体内の水などの行方及び葉で養分をつくる働きに着目して，生命を維持する働きを多面的に調べる活動を通して，次の事項を身に付けることができるよう指導する。

ア　次のことを理解するとともに，観察，実験などに関する技能を身に付けること。

(ア) 植物の葉に日光が当たるとでんぷんができること。

(イ) 根，茎及び葉には，水の通り道があり，根から吸い上げられた水は主に葉から蒸散により排出されること。

観察・実験

【植物の成長と日光の関わり】

● 日光と，葉にできる養分の関係を調べる。

【植物の成長と水の関わり】

● 植物の体のつくりと水の通り道の関係を調べる。

● 葉から水が出ていくか条件を整えて調べる。

● 葉の表面のつくりと水の出口の関係を調べる。

準備物

【植物の成長と日光の関わり】

□ジャガイモの株　□アルミニウム箔　□油性ペン　□はさみ　□割り箸　□ビーカー (500 mL)　□実験用ガスこんろ，ガスボンベ　□金網　□ぬれ雑巾　□保護眼鏡　□ペトリ皿　□ヨウ素液　□スポイト　□バット　□ティッシュペーパー

【植物の成長と水の関わり】

□ホウセンカの株　□脱脂綿　□三角フラスコ（300 mL）　□植物染色液　□バット　□ビニルテープ　□はさみ　□カッターナイフ　□板（かまぼこ板など）　□［コンピュータ（パソコンやタブレットなど）］　□袋　□モール　□スライドガラス　□カバーガラス　□ピンセット　□ビーカー（100 mL）　□スポイト　□ろ紙　□顕微鏡

●日光と葉にできる養分の関係を調べる実験

　この実験は前日の準備を含めると2日間にわたって行う必要がある。ガスこんろやヨウ素液の使用について注意を払うとともに，実験結果を確実なものにできるよう，2日続けて晴天の日を実験日に設定したい。

留意点

○古くて大きい葉よりも若い葉を選ぶようにし，できるだけ同じ株の葉を3枚使うようにする。

○⑦，④，⑦をそれぞれヨウ素液につける前に，湯で煮て柔らかくする。そのとき，火傷をしないように注意する。また，保護眼鏡をかけて湯や薬品が目に入らないようにする。

○熱したものや使った器具が熱くなっているので，冷めるまで触らないようにする。

○⑦の実験後，ヨウ素液は放置せずに，必ず薬品庫に戻すようにする。

○ヨウ素液が目に入ったり皮膚についた場合には，多量の水で洗い流す。

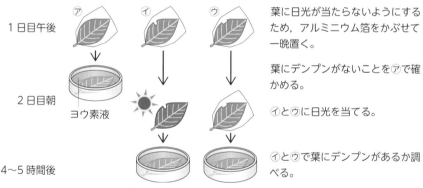

④と⑦は区別できるように，はさみで形の違う切り込みを入れておく。

1日目午後	葉に日光が当たらないようにするため，アルミニウム箔をかぶせて一晩置く。
2日目朝　ヨウ素液	葉にデンプンがないことを⑦で確かめる。 ④と⑦に日光を当てる。
4〜5時間後	④と⑦で葉にデンプンがあるか調べる。

6
年

〈濃いヨウ素液の作り方〉

　標準的な濃さのヨウ素液を使って，葉緑素を抜かずにヨウ素デンプン反応の実験を行うと，葉緑素などの色のために青紫色になる確認が難しい。そのため，濃いヨウ素液を用いて強いヨウ素デンプン反応を起こす必要がある。反応はデンプンが多いと黒褐色に変わる。

　① ヨウ化カリウム0.5 gを水20 mLに溶かす。

　② ①の液にヨウ素0.1 gを溶かす。

　③ 水で薄めて，全体を50 mLにする。

〈ジャガイモの毒性〉

　ジャガイモの芽には有毒物質（ソラニン）が含まれていることはよく知られているが，同様に表皮，特に日光に当たって緑化した部分にも多く含まれている。ソラニンは成人体重1kgあたりの致死量が3〜5mgという有毒物質である。芽と緑化した部分の皮を厚くむけば食べても害はないが，注意を要する。教材として育てたジャガイモは，収穫時に十分に発育していない未熟なものが多いので，食用としない方がよい。

●植物の体のつくりと水の通り道の関係を調べる実験

　植物の根を植物染色液に浸して時間をおき，色が変化した根や茎，葉をカッターナイフで縦や横に切断して水の通り道を観察するが，特に根や茎にはカッターナイフで切りにくい固い部分もあるので，けがをしないように注意する。

留意点

○三角フラスコに植物の株を入れた後は，重心が高くなり倒れやすくなるので，注意する。

○植物の葉や茎をカッターナイフで切るときに，けがをしないように注意する。安全面に配慮して，やや厚めに切って観察してもよい。押さえる方の手には作業用の手袋をするのが望ましい。

○植物を切る作業をするので，丁寧に扱うようにする。

○植物染色液は，衣類などにつくと落ちにくいので注意する。

けがをしないように板などの上で
葉や茎を切るようにする。

◉ 蒸散を調べる実験

環境面への配慮として，実験に用いる植物を丁寧に扱うようにする。

留意点

○モールでポリエチレンの袋の口を閉じるときに，茎を折ったり傷をつけたりし
　ないように，丁寧に扱う。

○実験が終了したら，速やかに袋を外すようにする。

実験を始める前に，袋の内側が濡れていないか，穴があいていないかなどを確認する。

ポリエチレンの袋
モール

袋の口がしっかりと閉じていることを確認する。

1つの株だけを使って，葉を取り去る枝と葉をつけたままの枝で実験してもよい。

◉ 植物の葉の表面のつくりの観察

これまでの実験と同様に植物を丁寧に扱い，また顕微鏡の扱いにも注意したい。

留意点

○植物の葉をねじるようにして
　表面を切り取るので，丁寧に
　扱うようにする。

○顕微鏡は，目を傷めないよう
　直射日光の当たらない明るい
　ところに置いて使用する。

葉をねじるようにして
切り，薄い皮の部分を
はさみで切り取る。

スライドガラスにのせて
顕微鏡で観察する。

6
年

〈葉の表面を調べる別の観察方法（レプリカ法）〉

　上記の方法以外にも，接着剤などで気孔の型を取る方法がある。

① 透明なマニュキア（液体絆創膏，木工用ボンドでも可）を葉の表面に薄く塗る。

② 乾いたら，その上からセロハンテープを貼りつける。

③ セロハンテープごと乾いた溶液をはがし取る。

④ スライドガラスに③のセロハンテープを貼る。

⑤ 顕微鏡で気孔を観察する。

学 習 指 導 要 領

B(1) 人の体のつくりと働き

　人や他の動物について，体のつくりと呼吸，消化，排出及び循環の働きに着目して，生命を維持する働きを多面的に調べる活動を通して，次の事項を身に付けることができるよう指導する。

ア　次のことを理解するとともに，観察，実験などに関する技能を身に付けること。

(ア) 体内に酸素が取り入れられ，体外に二酸化炭素などが出されていること。

(イ) 食べ物は，口，胃，腸などを通る間に消化，吸収され，吸収されなかった物は排出されること。

(ウ) 血液は，心臓の働きで体内を巡り，養分，酸素及び二酸化炭素などを運んでいること。

(エ) 体内には，生命活動を維持するための様々な臓器があること。

観察・実験

● 吸う空気とはいた空気の違いをいろいろな方法で調べる。

● 酸素と二酸化炭素を出し入れする仕組みを調べる。

● 酸素が体の中を運ばれる仕組みを調べる。

● デンプンとだ液の働きの関係を調べる。

● 消化と吸収の仕組みを調べる。

準備物

□袋　□モール　□はさみ　□石灰水　□保護眼鏡　□ビーカー（300 mL，500 mL）□気体検知管（酸素用，二酸化炭素 0.03 〜 1.0%用，0.5 〜 8.0%用）　□気体採取器□人体図鑑　□人体模型（臓器）　□コンピュータ（パソコンやタブレットなど）　□聴診器　□ご飯粒　□袋（ジッパー付き）　□油性ペン　□ストロー　□湯　□棒温度計□ヨウ素液　□スポイト　□メダカ　□スライドガラス　□ティッシュペーパー　□顕微鏡

呼気と吸気の違いを調べる実験 ※気体検知管の使い方 ⇒ p.122 参照

吸気に比べて呼気の酸素の割合が減り，二酸化炭素の割合が増えることを確かめる。

留意点

○酸素用検知管は使用すると熱くなるので，冷めるまで触らないようにする。

○石灰水を使うときは保護眼鏡をかけ，手などについたら水でよく洗い流す。

○検知管を破損しないように注意して扱う。万が一破損してしまい，中の検知剤
　に触れてしまった場合には，多量の水で洗い流すようにする。

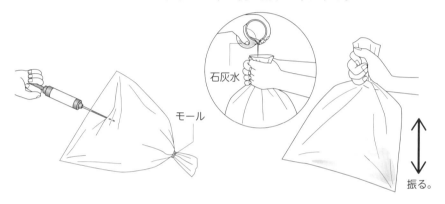

石灰水

モール

振る。

だ液のはたらきを調べる実験

ご飯粒に含まれているデンプンにだ液を混ぜることによって，デンプンではないもの（糖）に変化することを調べる。

留意点

○湯の中に袋を入れるときは，実験の条件が同じになるように，1つのビーカー
　で行う。

○ヨウ素液が目に入ったり皮膚についたりした場合には，多量の水で洗い流す。

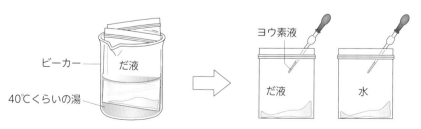

ビーカー

だ液

40℃くらいの湯

ヨウ素液

だ液

水

だ液に含まれる酵素（アミラーゼ）は，体温
と同じくらいの温度で最もよくはたらく。

スポイトでヨウ素液を1～2滴加える。

生物どうしの関わり／生物と地球環境

学習指導要領

B(3) 生物と環境

　生物と環境について，動物や植物の生活を観察したり資料を活用したりする中で，生物と環境との関わりに着目して，それらを多面的に調べる活動を通して，次の事項を身に付けることができるよう指導する。

　ア　次のことを理解するとともに，観察，実験などに関する技能を身に付けること。

　(ア) 生物は，水及び空気を通して周囲の環境と関わって生きていること。

　(イ) 生物の間には，食う食われるという関係があること。

　(ウ) 人は，環境と関わり，工夫して生活していること。

観察・実験

【生物どうしの関わり】

● 食べ物から生物同士の関係を調べる。

● 植物が出し入れする気体を条件を整えて調べる。

● 水と生物の関係を調べる。

【生物と地球環境】

● 姿を変える地球上の水と生物との関係を調べる。

● 人の生活と地球環境との関わりをいろいろな方法で調べる。

準備物

【生物どうしの関わり】

□池の水　□ビーカー（500 mL）　□すくい網　□スポイト　□スライドガラス　□カバーガラス　□シリコンゴム板（厚さ約1 mm）　□両面テープ　□穴あけパンチ　□ピンセット　□ろ紙　□［ホールスライドガラス，微小生物観察用スライドガラス］　□顕微鏡　□給食の献立表　□食物連鎖に関する資料　□コンピュータ（パソコンやタブレットなど）　□ホウセンカの株　□袋　□はさみ　□粘着テープ　□ストロー　□モール　□段ボール箱　□気体検知管（酸素用，二酸化炭素0.03〜1.0%用，0.5〜8.0%用）　□気体採取器　□生物と水に関する資料

【生物と地球環境】

□付箋（青色）　□環境に関する資料　□コンピュータ（パソコンやタブレットなど）

● 池などにいる小さな生物の観察

　池や小川などに行くときには十分安全面に配慮が必要である。また，顕微鏡の扱い方にも注意する。

留意点

○池や小川などへは児童のみで行かず，大人と一緒に行くようにする。

○顕微鏡は，目を傷めないように直射日光の当たらない明るいところで使用する。

※顕微鏡の使い方 ⇒ p.124 参照

スライドガラス

薄いシリコンゴム板にパンチで穴を開けたもの。ホールスライドガラスや微小生物観察用のスライドガラスを用いてもよい。

池の水をスポイトで数滴垂らす。　カバーガラスをかける。

● 植物が出し入れする気体を調べる実験

　気体検知管を使用するときに，安全面に配慮が必要である。

留意点

○日光が射す晴れた日に行うべき実験であるが，熱中症には十分留意する。

○酸素用検知管は使用すると熱くなるので，冷めるまで触らないようにする。

○検知管を破損しないように注意して扱う。万が一破損してしまい，中の検知剤に触れてしまった場合には，多量の水で洗い流すようにする。

○ポリエチレンの袋を長時間かぶせておくと，植物を傷めてしまうので，実験が終了したら袋を外すようにする。

※気体検知管の使い方 ⇒ p.122 参照

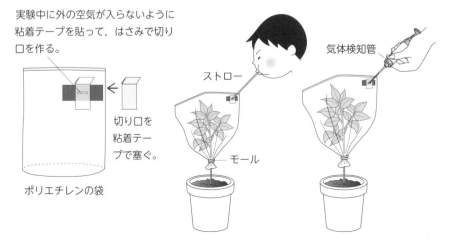

実験中に外の空気が入らないように粘着テープを貼って，はさみで切り口を作る。

切り口を粘着テープで塞ぐ。

ポリエチレンの袋

ストロー

モール

気体検知管

6年 月と太陽

学 習 指 導 要 領

B(5) 月と太陽

　　月の形の見え方について，月と太陽の位置に着目して，それらの位置関係を多面的に調べる活動を通して，次の事項を身に付けることができるよう指導する。

ア　次のことを理解するとともに，観察，実験などに関する技能を身に付けること。

(ア) 月の輝いている側に太陽があること。また，月の形の見え方は，太陽と月との位置関係によって変わること。

観察・実験

● 月の形の見え方と太陽の位置の関係を調べる。

準備物

□遮光板　□時計　□方位磁針　□記録用紙　□クリップ付きボード　□ボール（バレーボールなど）　□電灯　□コンピュータ（パソコンやタブレットなど）　□天文シミュレーションソフト　□月の表面の様子に関する資料　□双眼鏡　□望遠鏡　□回転椅子

月と太陽の位置の観察

　月と太陽の位置を調べるときには，およその位置が記録できればよい。

留意点

太陽を見るときには，必ず遮光板を使うようにする。

○目を傷めるので，太陽を直視しないようにする。太陽を見るときには，必ず遮光板を使う。プラスチックの下敷きや感光したカラーフィルムは，太陽からの有害光線を遮蔽する働きはないので，絶対に使用しない。

○昼間の観察の場合は太陽が出ているため，双眼鏡や望遠鏡を太陽の方向に向けないようにする。

○夜に観察するときには，大人に付き添ってもらうようにする。

月の形の見え方と太陽の位置の関係を調べる実験

　月（ボール）が輝いて見える方に，必ず太陽（電灯）があり，光の当たり方により形が変わって見えることをとらえるようにする。

留意点

○教室を暗くして実験するため，実験器具周辺を整理整頓して行うようにし，足元にも注意する。

6
年

⑥年 水よう液の性質

学習指導要領

A(2) 水溶液の性質

　水溶液について，溶けている物に着目して，それらによる水溶液の性質や働きの違いを多面的に調べる活動を通して，次の事項を身に付けることができるよう指導する。

ア　次のことを理解するとともに，観察，実験などに関する技能を身に付けること。

㋐ 水溶液には，酸性，アルカリ性及び中性のものがあること。

㋑ 水溶液には，気体が溶けているものがあること。

㋒ 水溶液には，金属を変化させるものがあること。

観察・実験

● いろいろな水溶液を見たり，においを調べたり，熱したりして比べる。

● 炭酸水に溶けている物を取り出す。

● リトマス紙の使い方を知る。

● それぞれの水溶液をつけたときのリトマス紙の色の変化を比べながら調べる。

● 塩酸の働きを調べる。

● 液体から取り出した物の性質を調べる。

準備物

□ビーカー（100 mL，500 mL）　□食塩水　□炭酸水　□アンモニア水　□塩酸（0.2 mol/L，1 mol/L，3 mol/L）　□石灰水　□ラベル　□保護眼鏡　□蒸発皿　□駒込ピペット　□金網　□実験用ガスこんろ，ガスボンベ［アルコールランプ，マッチ，燃えがら入れ，三脚］　□ぬれ雑巾　□試験管　□試験管立て　□湯　□ペットボトル　□ゴム栓（1穴）　□ゴム管　□ガラス管（長い物，短い物）　□二酸化炭素ボンベ　□水槽　□洗剤（弱アルカリ性，弱酸性，中性）　□リトマス紙　□ピンセット　□撹拌棒　□ムラサキキャベツ　□食塩　□包丁　□まな板　□ポリエチレンの袋　□BTB液　□アルミニウム箔　□鉄片　□薬包紙　□薬さじ

薬品の扱い方と水溶液の実験の注意点

　本単元で使用する薬品や水溶液は，扱い方を間違えると大きな事故につながり
かねないものが多い。実験を行うときには，安全面にきちんと配慮する必要があ
る。特に塩酸や水酸化ナトリウム水溶液が皮膚に付着すると，炎症を起こし放置
すると組織の深部まで及ぶ恐れがあり，また，目に入った場合は視力の低下や失
明の可能性もあるので，十分な注意が必要である。

留意点

〔薬品の扱い方〕

○塩酸の原液や水酸化ナトリウムの固体は，児童の手の届くところには置かない。

○濃い薬品は，実験に用いるのにふさわしい濃度に薄めて使用する。溶かしたり
　薄めたりするとき，発熱するものが多いので，水に薬品を少しずつ加えていく
　ようにする。

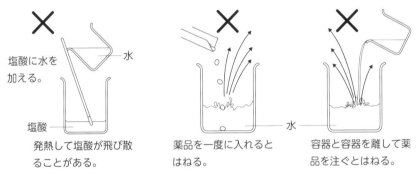

塩酸に水を加える。／水

塩酸

発熱して塩酸が飛び散
ることがある。

薬品を一度に入れると
はねる。

水

容器と容器を離して薬
品を注ぐとはねる。

〔誤って薬品に触れたときの対処〕

　薬品が手や顔，衣服につかないように心がけ，もしついたときは必ず水で洗い
流す。特に水酸化ナトリウム水溶液を手や衣服につけないように注意する。水酸
化ナトリウム水溶液は，つけた直後はほとんど何も感じないが，後になって変化
が現れる。

　塩酸や水酸化ナトリウム水溶液などに触れたときはできるだけ早く大量の水で
洗う。特に，目に入った場合は急を要すので，すぐに大量の流水で目を洗い，専
門の医師に連絡をとって，医師の診断を受けるようにする。

　洗眼の際には，大量の流水と水勢の強い流水を間違えないようにする。水勢が
強い場合，目の粘膜を損傷して，かえって被害を大きくすることがあるので，穏
やかな流水で，薬品の刺激による痛みがとれるまで洗う。痛みで目を開けられな
いこともあるので，最初は教師の補助が必要である。

6
年

〔水溶液の実験の注意点〕

○直接手で触れないようにし，触れていない場合でも，実験後には必ず手を洗う。

○必ず保護眼鏡をかける。また，長い髪の毛は後ろでまとめて，歩きやすい靴を履く。白衣があればそれを着用し，なければ白衣のような薄い絹製品を着用する。

○ビーカーや試験管には，液体を入れすぎないようにする。

○中に入っている液体が分かるように，容器にラベルを貼っておく。

○水溶液をつけたガラス棒は，1回ごとに新しい水で洗い，乾いた布で拭き取ってから使うようにする。

○水溶液を混ぜ合わせると有害な物質ができる場合があるので，調べる水溶液同士を混ぜないようにする。

○気体が発生する実験では，換気をする。

○液体の臭いを調べるときには，試験管の口のところを手であおぐようにする。直接かいだり，深く吸い込んだりしないようにする。

○水溶液を熱する実験では，蒸発した気体を吸い込まないようにする。また，熱しているときに，液体がはねることがあるので，上からのぞいたり顔を近づけたりしないようにする。

○液体が残っているうちに熱するのを止める。実験後は熱したものや器具が高温になっているので，火傷をしないように冷めるまで触らないようにする。

〔リトマス紙の再生について〕

　リトマス紙は，長期保存しておくと色が薄くなり，反応がにぶり判断がしにくくなる。そのようなリトマス紙も，下図のような方法によって鮮明な青色リトマス紙，赤色リトマス紙に復活させることができる。

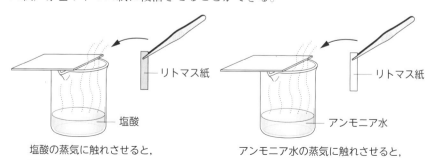

塩酸の蒸気に触れさせると，
鮮明な赤色リトマス紙になる。

アンモニア水の蒸気に触れさせると，
鮮明な青色リトマス紙になる。

● 塩酸（実験用）の作り方

　市販されている塩酸は，濃さが約 11.3 mol/L，約 3 mol/L，約 1 mol/L のものなどがある。

〔約 3 mol/L 塩酸の作り方（金属を溶かす実験に使用）〕

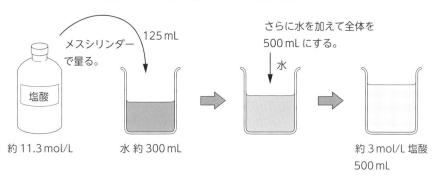

メスシリンダーで量る。　125 mL

さらに水を加えて全体を 500 mL にする。

水

約 11.3 mol/L　　　水 約 300 mL　　　約 3 mol/L 塩酸 500 mL

〔約 0.2 mol/L 塩酸の作り方（リトマス紙で調べる実験に使用）〕

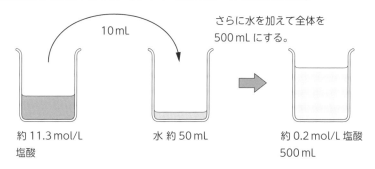

10 mL

さらに水を加えて全体を 500 mL にする。

約 11.3 mol/L 塩酸　　　水 約 50 mL　　　約 0.2 mol/L 塩酸 500 mL

　他の濃度を作成するときも，塩酸と水の体積比で作成する。

留意点

○ふたを開けると刺激臭のある塩化水素が蒸発して発煙する。手袋をして開栓し，噴き出しに注意する。

○塩化水素は直接吸うとのどや鼻の粘膜を傷めるので，しっかりと換気をして直接吸い込まないようにする。

○塩酸をビーカーに注ぐときは，必ずガラス棒やピペットを使い，薄めるときは，水に塩酸を加えるようにする。

💧 水酸化ナトリウム水溶液の作り方

水酸化ナトリウムは，水によく溶ける白色の固体である。

（2 mol/L 水酸化ナトリウム水溶液の作り方）

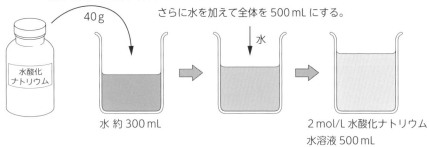

電子天秤などで量り取る。

40 g

さらに水を加えて全体を 500 mL にする。

水

水 約 300 mL

2 mol/L 水酸化ナトリウム
水溶液 500 mL

（0.2 mol/L 水酸化ナトリウム水溶液の作り方）

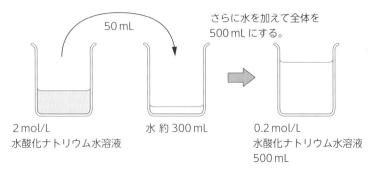

50 mL

さらに水を加えて全体を
500 mL にする。

2 mol/L
水酸化ナトリウム水溶液

水 約 300 mL

0.2 mol/L
水酸化ナトリウム水溶液
500 mL

留意点

○ 水に溶けるときに多量の熱を発生するので，一度に大量に溶かすのは危険である。溶かすときは，水に水酸化ナトリウムを少量ずつ加え，絶えずかき混ぜる。

○ 水酸化ナトリウムは錠剤の形でびんに入っているので，はかりで必要量取って水に溶かす。このとき，作業は手早く行う。時間がたつと水酸化ナトリウムは空気中から水分と二酸化炭素を吸収してべとべとになる。

○ 水酸化ナトリウムは皮膚を冒すので注意する。特に固体状態の水酸化ナトリウムを児童が扱うことは絶対にないようにする。

○ 水酸化ナトリウム水溶液は，ガラスを溶かすので，ポリエチレン容器に保存する。

● アンモニア水の作り方

　アンモニア（気体）の水溶液。市販されているアンモニア水は，約 15 mol/L，約 2.3 mol/L のものなどがある。

（1 mol/L アンモニア水の作り方）

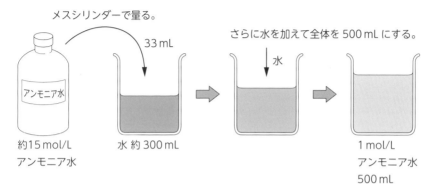

メスシリンダーで量る。

33 mL

さらに水を加えて全体を 500 mL にする。

水

約15 mol/L
アンモニア水

水 約 300 mL

1 mol/L
アンモニア水
500 mL

〔0.2 mol/L アンモニア水の作り方（リトマス紙で調べる実験に使用）〕

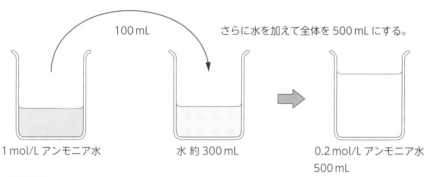

100 mL

さらに水を加えて全体を 500 mL にする。

1 mol/L アンモニア水

水 約 300 mL

0.2 mol/L アンモニア水
500 mL

留意点

○ふたを開けるとアンモニアが蒸発し刺激臭が鼻をつくので，しっかり換気を
　行って鼻の近くでは開栓をしないようにする。

○開栓に際しては噴き出すこともあるので，手袋をはめてびんを丁寧に扱う。

6
年

⑥年 土地のつくりと変化

B(4) 土地のつくりと変化

　土地のつくりと変化について，土地やその中に含まれる物に着目して，土地の
つくりやでき方を多面的に調べる活動を通して，次の事項を身に付けることがで
きるよう指導する。

ア　次のことを理解するとともに，観察，実験などに関する技能を身に付けること。

(ア) 土地は，礫，砂，泥，火山灰などからできており，層をつくって広がっている
　ものがあること。また，層には化石が含まれているものがあること。

(イ) 地層は，流れる水の働きや火山の噴火によってできること。

(ウ) 土地は，火山の噴火や地震によって変化すること。

観察・実験

◉縞模様に見える土地の様子を調べる。

◉流れる水の働きと地層のでき方の関係を調べる。

◉火山の働きと地層のでき方の関係を調べる。

◉火山活動や地震による土地の変化をいろいろな方法で調べる。

準備物

□地層に関する資料　□現地学習場所の事前調査資料　□記録用紙　□クリップ付き
ボード　□虫眼鏡　□作業用手袋　□油性ペン　□袋（ジッパー付き）　□ティッシュ
ペーパー　□新聞紙　□巻尺　□移植ごて　□救急用品　□帽子　□[ボーリング試料]
□化石標本　□化石に関する資料　□砂　□泥　□スタンド　□堆積実験器　□バッ
ト　□手付きビーカー（500 mL）□堆積岩の標本（礫岩・砂岩・泥岩）　□火山噴火
に関する資料　□火山灰　□火山灰を洗う器　□ペトリ皿　□双眼実体顕微鏡（解剖顕
微鏡）□火山や地震に関する資料　□コンピュータ（パソコンやタブレットなど）□[保
護眼鏡，蓋付きビン]

●露頭の観察について

　露頭の観察に際しては，安全で目的に合った地層を観察するために必ず事前調査を行う。児童の安全を第一に考え，観察地を選ぶようにする。

　児童は学習の目的よりも採取などに気をとられることがあるので，危険防止に十分に留意する必要がある。

留意点

○服装は右図のように，野外観察に適したものにする。また，けがや熱中症に十分注意する。

○児童のみで観察させず，大人と同伴で安全に配慮して観察する。

○試料を採取するときには，土の粒などが目に入らないように，保護眼鏡をかけるようにする。

○露頭をむやみに削ったり，採取したりしないよう指導する。学習に必要な最小限の採取を心がける。

○その他の具体的な留意点については，下図に挙げられる点などがある。

〔野外観察に適した服装〕

ぼうし

ナップザック

長そでの服

作業用
手ぶくろ

長ズボン

運動ぐつ

オーバーハングしている
場所に気をつける。

崖からの落下物
に注意する。
（落石など）

崖を登ることの
ないようにさせる。

全体が見渡せるところに
教師が立つ。

試料の採取は必要
最小限にとどめる。

※オーバーハング：頭上に覆い被さるように張り出している場所（岩壁）のこと

6年 てこのはたらき

学習指導要領

A（3）てこの規則性

　てこの規則性について，力を加える位置や力の大きさに着目して，てこの働きを多面的に調べる活動を通して，次の事項を身に付けることができるよう指導する。

　ア　次のことを理解するとともに，観察，実験などに関する技能を身に付けること。

　㋐　力を加える位置や力の大きさを変えると，てこを傾ける働きが変わり，てこがつり合うときにはそれらの間に規則性があること。

　㋑　身の回りには，てこの規則性を利用した道具があること。

観察・実験

● 力点や作用点の位置を変えたときの手ごたえを調べる。

● 実験用てこを使って，腕の傾きを調べる。

● 実験用てこの腕が水平になってつり合うときのきまりを条件を整えて調べる。

● てこの働きを利用した道具を調べる。

● つり合いを利用したおもちゃを作る。

準備物

□てこの働き体験セット［棒（3 m），支点となる物，紐（ロープ），砂（10 kg），砂袋，作業用手袋］　□身の回りにあるてこを利用した道具　□シール（赤・青・黄色）　□実験用てこ　□おもり

●大型てこを使った実験

　重い荷物を扱ったり，大きな力を必要としたりすることもあるので，安全に十分な配慮が必要である。

留意点

○用いる棒は，鉄製や木製の丈夫な物を使う。また，長い棒を扱うので周りの人にぶつからないように注意する。

○支点は，台を使う場合は倒れないようにしっかりとしたものを選ぶ。また，鉄棒などに

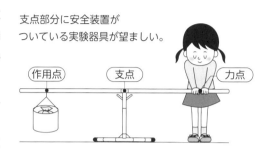

支点部分に安全装置がついている実験器具が望ましい。

作用点　支点　力点

つり下げる場合は丈夫なロープを選び，ほどけないようにしばる。

○支点の位置に手を挟まないように注意する。

○棒をしっかりと握り，急に手を離したり横に振ったりしないようにする。

○作用点にかけている砂袋などのおもりが外れたときに，てこの棒が急激に跳ね返るときがあり，それが児童の顔や体に直撃することでけがをしないように注意する。

●てこの働きを利用した道具

留意点

○ペンチで針金を切るときは，切れた針金が飛ぶことがあるので注意する。

○栓抜きで栓を抜くときに栓が飛ぶことがあり，また，内容物が飛び出すこともあるので注意する。

○釘抜きを使用するときには，その先端などの尖った部分や釘の扱いにも注意する。

○空き缶つぶし器を使用するときには，バランスを崩しやすいので，転倒などに注意する。

ペンチ

栓抜き

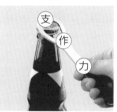

釘抜き

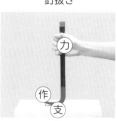

空き缶つぶし器

私たちの生活と電気

A（4）電気の利用

　発電や蓄電，電気の変換について，電気の量や働きに着目して，それらを多面的に調べる活動を通して，次の事項を身に付けることができるよう指導する。

ア　次のことを理解するとともに，観察，実験などに関する技能を身に付けること。

(ア) 電気は，つくりだしたり蓄えたりすることができること。

(イ) 電気は，光，音，熱，運動などに変換することができること。

(ウ) 身の回りには，電気の性質や働きを利用した道具があること。

観察・実験

- 手回し発電機，光電池，コンデンサーの使い方を知る。
- つくった電気やためた電気が，乾電池の電気と同じような働きをするのかいろいろな方法で調べる。
- 電気は，どのようなものに変わる性質があるのかいろいろな方法で調べる。
- 豆電球と発光ダイオードの明かりのついている時間を条件を変えて調べる。
- プログラミング教材を利用して，プログラミングを体験する。

準備物

□手回し発電機（出力３Ｖ）　□豆電球　□導線付きソケット　□発光ダイオード
□コンデンサー（2.5 V, 4.7 F）　□デジタルタイマー［ストップウォッチ］　□電灯
□光電池　□クリアシート(半透明のシート)　□工作用紙　□電子オルゴール　□モーター　□発熱を調べる装置　□スイッチ　□マンガン乾電池(単三)　□乾電池ホルダー
□導線（みのむしクリップ付き）　□ニッパー　□プログラミング教材　□コンピュータ（パソコンやタブレットなど）　□模造紙　□空き箱　□セロハンテープ　□はさみ
□プロペラ

● つくった電気の働きを調べる実験

　手回し発電機を使うことにより，電気をつくり出すことを体感的に理解することができるが，ハンドルを回す速さや導線の接続を適切にするなど，いくつかの注意点がある。

留意点

○手回し発電機を速く回しすぎ
　ると，歯車が壊れたり，つな
　いだ豆電球のフィラメントが
　切れたりすることがある。回
　す向きを決めて，一定の速さ
　で回すようにする。低電圧用
　の手回し発電機の場合，1秒
　間に2～3回転程度がよい。

○ハンドルを回す向きによって

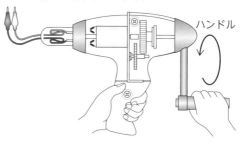

回す向きを決めて，一定の
速さで回すようにする。

ハンドル

手回し発電機

　電流の向きが変わるため，コンデンサーや電子オルゴールなど，電流の向きが
　決められているものをつなぐときには，注意する。

● 電気の変換を調べる実験

　手回し発電機に発熱を調べる装置をつないで電気が何に変わるのか調べる実験
では，装置を発熱させるので，その点注意を要する。

留意点

○発熱を調べる装置の電熱線部分が熱くなるので，実験終了後に冷めるまで触ら
　ないようにする。

○液晶温度計が示せる温度の範囲を超えたら，装置を手回し発電機から外す。

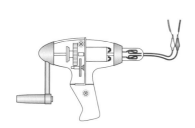

℃ 16　　　表示温度：16～36℃

発熱を調べる装置
（表側：液晶温度計，裏側：電熱線）

●豆電球と発光ダイオードの違いを調べる実験

日常生活で使用する電子機器には，コンデンサーが多く用いられているが，普段の生活の中では目にする機会は少ないと思われる。初めて扱う児童もいると考えられるため，その扱いには事故のないように配慮する必要がある。

留意点

○実験前にコンデンサーの＋端子と－端子を接触させてコンデンサーにたまっている電気を放電させておく。

○コンデンサーに電気をためるときは，手回し発電機の＋極にコンデンサーの＋端子，－極に－端子をつなぎ，ハンドルの回す向きを決めて一定の速さで回す。

○発光ダイオードは，長時間点灯するので，３分間以上点灯することを確認したら，実験を終了する。

○コンデンサーには定格電圧（耐電圧）があり，耐電圧以上の電圧をかけると破損する場合があるので注意する。

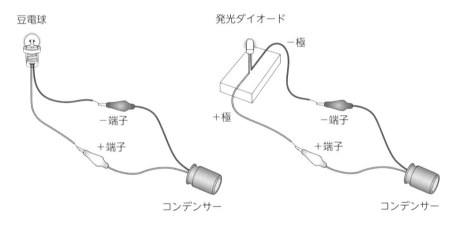

第 3 章

資料

実験器具の使い方

🔵 実験用ガスこんろ

　ガスを燃料とした熱源器具。着脱式のガスボンベを使うタイプが一般的で，場所を問わず使うことができる。火力が強く短時間で加熱が可能になる。

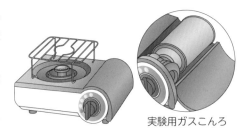

実験用ガスこんろ

　また，点火・消火が簡単で，アルコールランプのように倒れる危険性がないため，安全に実験を行うことができる。

準　備

・実験台の周りを片づけ，安定した場所に置く。
・ガスボンベを切れ込みに沿って「カチン」と音がするまでしっかり押し込んで結合させる。
・ぬれ雑巾を用意する。

使い方

①火力を調節するつまみを【点火】の方に「カチッ」と音がするまで回し，火がついていることを確認する。
②つまみを回して火力を調節する。
③つまみを【消火】まで回して火を消す。火が消えていることを確認する。ガスこんろ本体や金具などが冷めたら，ガスボンベを外す。外した後，再度つまみを【点火】まで回して，ガスこんろの内部に残ったガスを燃やす。

留意点

○室内の換気をして使用する。
○火がついたままガスこんろを動かしてはいけない。
○燃えやすいものをガスこんろの近くに置いてはいけない。
○火力が強く，短時間で加熱されるため，特にビーカーなどを載せる金具はかなり高温になる。消火後すぐに素手で触れないようにする。
○金具には，ガスボンベ部分の上まで覆うような大きなフライパンなどは載せてはいけない。ガスボンベ部分まで加熱され，ガスボンベが破裂する危険性がある。
○ガスボンベを使用しないときは，冷暗所に保管する。
○ガスボンベは，完全に使い切ってガスをなくしてから廃棄する。

●アルコールランプ

　アルコールを燃料とした熱源器具。小規模で手頃な熱源であるが，火力がやや弱く，炎が風に揺れて不安定になる場合がある。

使い方

○火のつけ方

マッチを擦るときには，人のいない方に向けて擦る。
芯の横から火を近づける。

もえがら入れ

利き手側に，水または砂の入った燃え
がら入れとぬれ雑巾を置いておく。

○火の消し方

ふたはななめ上から
近づけてかぶせる。

留意点

○燃料はいつも7〜8分目ほど入れておく。液量が少ないと，容器内にアルコールと空気の混合気体ができて引火，爆発することがある。

○使用前にひび割れ，口元の欠けや隙間がないか点検する。芯管と容器の間に隙間ができていると容器内の混合気体に引火して爆発する恐れがある。

○使用前に芯の長さを点検する。長すぎると芯管が浮き上がり，隙間から引火，爆発の恐れがある。芯の長さで炎の大きさを調整するが，燃えているときにしてはいけない。

○消す際に，消したままにしておくとふたがとれなくなることがあるので，もう一度ふたを外して再度かぶせるようにする。

○アルコールランプからアルコールランプへのもらい火はしない。

○点火したまま移動しない。また，不安定な台の上に置かない。

○点火中にアルコールを補充しない。

芯　　　　5mm
芯管　　　くらい
容器　　　アルコール

8分目
まで

ピンセットで
長さを調整する。

ろうとを使って
補充する。

●気体検知管

　検知管を用いた気体濃度の測定器で，気体の採取器と検知管からなる。

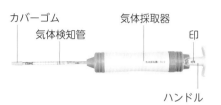

　検知管は密封したガラス管の中に化学物質を入れたもので，測定する気体や濃度によって使い分けるようになっている。

いろいろな形態のものがあるが，普通に用いられているのは，検知管の表面に印刷されている濃度目盛りの変色したところまでの部分を読み取る直読式のものが多い。これは，測定したい気体の濃度によって検知管内の物質が部分的に変色し，その量によって濃度が読み取れるようになっている。

使い方

①採取器の先端に開封した検知管を差し込んでハンドルを引き，測定したい気体を吸いこむ（これをサンプリングという）。

②検知管を外して目盛りを読む。

〔目盛りの読み方〕

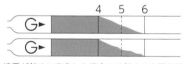

境界が斜めに変色した場合には斜めの中間を読む。この場合は 5％。

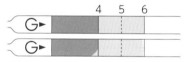

境界が斜めに変色しない場合には濃淡の中間を読む。この場合は 5％。

留意点

○気体検知管が破損した場合，白煙（塩化水素）が出ることがある。塩化水素は有害物質なので，吸い込まないように注意する。

○検知管が割れたときは，ガラスの破片，検知剤，除去剤に素手で触れないようにする。万が一触れてしまったときには，直ちに大量の水で洗い流すようにする。破損した検知管は，ビニル手袋をして破片を取り除き，検知剤や除去剤は水を十分に含んだぬれ雑巾でしっかりと拭き取る。

○酸素検知管は測定後に反応熱で高温（約 70 ℃）になるので，火傷に注意する。

○検知管は，冷暗所（机やロッカーの中など）で保管されていた有効期限内であるものを使用する。

○使用済みの検知管は回収し，業者に依頼するなどして廃棄する。

電流計

電流を測定するための電気機器。検流計に比べ，精度があり，微量な電流も測定することができる。回路との接続端子が上部にあるものと下部にあるものがある。0点調整は調整ねじをドライバーで調整して行う。

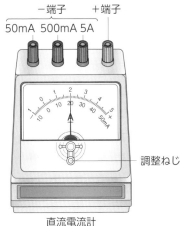

直流電流計

使い方

電流計には＋端子と－端子があり，－端子は5A，500mA，50mAの3つに分かれている。調べる電流の大きさによって，この3つの端子を使い分ける。

①電流計の針が0を指していることを確かめる。指していないときは，調整ねじを回して調整する。

②回路に電流計を入れる位置を決める。電流計は豆電球や電磁石と直列になるように入れる。

③電流計の＋端子に乾電池（または電源装置）の＋極側の導線をつなぐ。

④電流計の5Aの－端子に乾電池（または電源装置）の－極側の導線をつなぐ。

⑤回路のスイッチを押して針の振れを見る。針の振れが少なすぎるときは，500mA，50mAと－端子を順につなぎかえる。

留意点

○小さい容量の－端子につないで大きな電流を流すと，針が振り切れ，中のコイルが焼き切れることがある。

○端子の接続を間違えると針が逆に振れて故障の原因になる。

○電流値がおかしいと思われるときは，他の電流計と直列につないで正しい値を示すかどうか調べる。

○電流計が壊れることがあるので，電流計だけを乾電池につながない。ショート回路となる。

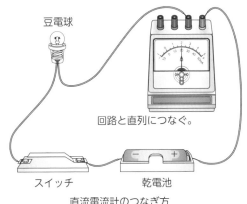

豆電球

回路と直列につなぐ。

スイッチ　　　　乾電池

直流電流計のつなぎ方

生物顕微鏡

従来から広く使用されてきた顕微鏡で，一般的に顕微鏡と呼ばれるものである。鏡筒上下型とステージ（載せ台）上下型の2つのタイプがある。

普通は単眼であるが高級機種では双眼のものもある。変倍はレボルバー式とズーム式がある。ズーム式のものは変倍操作が容易。倍率は接眼レンズと対物レンズの組み合わせで決まり，総合倍率（接眼レンズの倍率と対物レンズの倍率の積）は40〜400倍程度。像は上下左右が実物とは逆になった倒立像である。

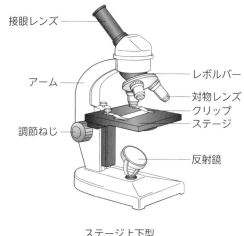

接眼レンズ
アーム
調節ねじ
レボルバー
対物レンズ
クリップ
ステージ
反射鏡

ステージ上下型

使い方

①接眼レンズ，対物レンズの倍率を最低にする。

②接眼レンズをのぞきながら反射鏡の向きを変えて，明るく見えるようにする。

③プレパラートをステージの穴の上，レンズの真下に置く。

④横から見ながら，対物レンズとプレパラートを近づける。

⑤接眼レンズをのぞきながら対物レンズとプレパラートの間を開け，焦点を合わせる。粗動ねじと微動ねじとがあるものは，粗動ねじで大まかな調整をし，微動ねじで最良にする。

留意点

○使用前後にレンズなどの備品がそろっているか点検する。収納時は，濡れた箇所がないか確認し，がたつかないように付属のねじなどで収納箱に固定する。

○持ち運ぶときはアームと基部をしっかり持って取り落とさないようにする。

○光源に直射日光を用いてはいけない。太陽光線を光源とする場合は，北側の窓から入る光，すりガラスを通った柔らかな光を光源とする。

○接眼レンズをのぞきながら，対物レンズをプレパラートに近づけない。対物レンズとプレパラートが接触してレンズを汚したり，プレパラートを割ったりする恐れがある。

双眼実体顕微鏡

　両眼で観察する顕微鏡。接眼レンズと対物レンズとからなり、総合倍率は 10 ～ 60 倍程度で、像は正立像である。ズーム式で変倍できるものもある。双眼実体顕微鏡の特長は、対象物を立体的に観察できることである。

双眼実体顕微鏡

使い方

①接眼レンズから少し目を離して両眼でのぞき、接眼鏡筒を左右に移動させて視野が１つになるように眼幅を合わせる。

②右目でのぞきながら調節ねじを回しておおよそのピントを合わせる。

③左目でのぞきながら視度調節リングを回してピントを合わせる。

④観察したい部分を対物レンズの真下に置いて観察する。

留意点

○粗動ねじを緩めると本体が急に下がることがあるので、必ず鏡筒を支えながら操作する。

○光源に直射日光を用いてはいけない。太陽光線を光源とする場合は、北側の窓から入る光、すりガラスを通った柔らかな光を光源とする。

○光源にハロゲン球を使用しているものは照明部分が高温になるので、直接手で触れないようにする。

解剖顕微鏡

　鏡筒がなく、レンズが１つの顕微鏡。レンズは 10 倍と 20 倍。像は正立像である。解剖顕微鏡の特長は、観察する対象物が視野から少々ずれてもレンズの位置を自由に調節できることであり、生物を生きたまま観察するのに適している。メダカの観察ではレンズは、卵全体を見るときは 10 倍、中の変化を観察するときは 20 倍がよい。

解剖顕微鏡

使い方

①反射鏡の向きを調整し、上からのぞいたときに、明るく見えるようにする。

②対象物をステージの上に置く。

③対象物がレンズの真下にくるように調整する。

④調節ねじを回し、ピントを合わせる。

留意点

○目を傷めるので、光源に直射日光を絶対に用いてはいけない。太陽光線を光源とする場合は、北側の窓から入る光、すりガラスを通った柔らかな光を光源とする。

A エネルギー・粒子

学年	エネルギー		エネルギー資源の有効
	エネルギーの捉え方	エネルギーの変換と保存	
第3学年	**ゴムや風の力** ●風の力の働き ●ゴムの力の働き　　**音のふしぎ** ●音の伝わり方と大小 **太陽の光** ●光の反射・集光 ●光の当て方と明るさや暖かさ	**じしゃくのふしぎ** ●磁石に引き付けられる物 ●異極と同極　　**電気の通り道** ●電気を通すつなぎ方 ●電気を通す物	
第4学年		**電池のはたらき** ●乾電池の数とつなぎ方	
第5学年	**ふりこの動き** ●振り子の運動	**電磁石の性質** ●鉄心の磁化，極の変化 ●電磁石の強さ	
第6学年	**てこのはたらき** ●てこのつり合いの規則性 ●てこの利用	**私たちの生活と電気** ●発電（光電池を含む），蓄電 ●電気の変換 ●電気の利用	

粒子			
粒子の存在	粒子の結合	粒子の保存性	粒子のもつエネルギー
		ものの重さ ●形と重さ ●体積と重さ	
じこめた空気や水 空気の圧縮 水の圧縮			**ものの温度と体積** ●温度と体積の変化 **もののあたたまり方** ●温まり方の違い **すがたを変える水** ●水の三態変化
		もののとけ方 (溶けている物の均一性を含む) ●重さの保存 ●物が水に溶ける量の限度 ●物が水に溶ける量の変化	
のの燃え方 燃焼の仕組み	**水よう液の性質** ●酸性，アルカリ性，中性 ●気体が溶けている水溶液 ●金属を変化させる水溶液		

内容区分系統一覧表

B 生命・地球

学年	生命		
	生物の構造と機能	生命の連続性	生物と環境の関わり
第3学年	**しぜんのかんさつ／動物のすみか** ●身の回りの生物と環境との関わり	**こん虫の育ち方** ●昆虫の成長と体のつくり　　**植物の育ち方** ●植物の成長と体のつくり	
第4学年	**わたしたちの体と運動** ●骨と筋肉 ●骨と筋肉の働き	**季節と生物** ●動物の活動と季節 ●植物の成長と季節	
第5学年		**植物の発芽と成長** ●種子の中の養分 ●発芽の条件 ●成長の条件　　**メダカのたんじょう** ●卵の中の成長 **植物の実や種子のでき方** ●植物の受粉，結実　　**人のたんじょう** ●母体内の成長	
第6学年	**体のつくりとはたらき** ●呼吸 ●消化，吸収 ●血液循環 ●主な臓器の存在　　**植物の成長と日光の関わり** ●でんぷんのでき方 **植物の成長と水の関わり** ●水の通り道		**生物どうしの関わり，生物と地球環境** ●生物と水，空気との関わり ●食べ物による生物の関係（水中の小さな生物を含） ●人と環境

地球		
地球の内部と地表面の変動	地球の大気と水の循環	地球と天体の運動

地面のようすと太陽
- 日陰の位置と太陽の位置の変化
- 地面の暖かさや湿り気の違い

水のゆくえ
- 地面の傾きによる水の流れ
- 土の粒の大きさと水のしみ込み方
- 水の自然蒸発と結露

天気と気温
- 天気による1日の気温の変化

星や月
- 月の形と位置の変化
- 星の明るさ，色
- 星の位置の変化

れる水のはたらきと土地の変化
- 流れる水の働き
- 川の上流・下流と川原の石
- 雨の降り方と増水

天気の変化／台風と防災
- 雲と天気の変化
- 天気の変化の予想

地のつくりと変化
- 土地の構成物と地層の広がり（化石を含む）
- 地層のでき方
- 火山の噴火や地震による土地の変化

月と太陽
- 月の位置や形と太陽の位置

栽培・採集 年間配当表　3年～6年

種子や種いもは早めに準備しておく。
前年度と同じ場所（プランターの場合は土）で，同じ植物を育てないようにする。

学年	植物名	4月	5月	6月	7月	8月
3年	ヒマワリ	植物の育ち方[1]		植物の育ち方[2]	植物の育ち方[3]	
	ホウセンカ		ポットまきの場合のみ			
	オクラ		ポットまきの場合のみ			
	ダイズ		ポットまきの場合のみ			
	キャベツ（モンシロチョウ採卵用）	こん虫の育ち方				
4年	ツルレイシ	季節と生物[1]	季節と生物[2]	支柱立て，定植	季節と生物[3]	
	[ヘチマ]			支柱立て，定植		
	サクラ（落葉樹）				ツルレイシやヘチマと比べる。	
5年	インゲンマメ（つるなし）		植物の発芽と成長 容器に移植			
	アサガオ			支柱立て	風が強いときは，鉢ごと室内に移動する。	
	[ツルレイシ]			支柱立て，定植		
	ジャガイモ（6年生用）					
6年	ジャガイモ	◎学習の準備 3月末～4月上旬に植える。	植物の成長と日光の関わり	新いもの掘り上げ		
	ホウセンカ		ポットまきの場合のみ 植物の成長と水の関わり	生物どうしの関わり		

120

[　]は別教材　　|||||||||| 準備期間　　 土づくり　　 ポットまき・鉢まき　　 水で栽培　　 種取り

　　　　学習期間　　━━━ 栽培期間　　 種まき・種いも植え　　 定植　　 開花　　●●●● 継続期間

9月	10月	11月	12月	1月	2月	3月
植物の育ち方[4]						
枯死						
枯死						
		枯死				
	枯死					
次年度の3年生用			定植			
季節と生物[4]		季節と生物[5]		季節と生物[6]		季節と生物[7]
		枯死			冬にサクラと比較するために，枯死したあとも植えたままにしておく。	
			枯死			
ツルレイシやヘチマと比べる。		ツルレイシやヘチマと比べる。		ツルレイシやヘチマと比べる。		
植物の実や種子のでき方						
				◎6年の学習の準備	ジャガイモの種いもを3月末に植えておく。	
枯死						

飼育・採集 年間配当表　3年～6年

教科書に掲載の動物にこだわらず，地域の実情に合わせて教材を選ぶようにする。

学年	動物名	4月	5月	6月	7月	8月
3年	モンシロチョウ		こん虫の育ち方 ◉━━━━	採集した幼虫から育てると，アオムシコマユバチに寄生されていることが多いので，卵から飼育したほうがよい。		
	アゲハ		◉━━━━			
	シオカラトンボ		━━━			
	ショウリョウバッタ		━━━			
	ダンゴムシ		━━━			
	ジョロウグモ		━━━			
4年	ナナホシテントウ	季節と生物[1]	季節と生物[2]		季節と生物[3]	
	オオカマキリ					
	ツバメ					
	ヒキガエル					
	カブトムシ				━━━━━━━━━━━	
	ウサギ	··········	··········	··········	··········	··········
5年	ヒメダカ［メダカ］	新規で飼育を始める場合には，水槽の環境が安定するまで時間がかかるので，早めに準備をする。		メダカのたんじょう ◉━━━━━		
6年	ウサギ	··········	··········	体のつくりとはたらき ·······━━━━		
	水中の小さな生物				生物どうしの関わり ━	
	ヒメダカ［メダカ］				━━━━━━	

132

9月	10月	11月	12月	1月	2月	3月
	次年度の3年生の採卵用に，キャベツの種子をまいておくとよい。栽培・採集年間配当表を参照。					次年度の3年生の採卵用に，キャベツの苗を植えておくとよい。栽培・採集年間配当表を参照。
と生物[4]		季節と生物[5]		季節と生物[6]		季節と生物[7]

わたしたちの体と運動

索引

参考資料

新訂小学校理科主任ハンドブック	東洋館出版社
新訂理科薬品ハンドブック	東洋館出版社
小学校・中学校化学実験の基礎操作法	東洋館出版社
小学校・中学校物理実験の基礎操作法	東洋館出版社
化学薬品の混触危険ハンドブック	東京消防庁
ユネスコ理科教育ハンドブック	大日本図書
理科教育事典	大日本図書
新版実験を安全に行うために	化学同人
新版実験を安全に行うために 続	化学同人
実験観察教材教具	東京書籍
学校における薬品管理マニュアル	日本学校保健会
学校施設の非構造部材の耐震化ガイドブック（改訂版）	文部科学省
学校事故事例検索データベース	日本スポーツ振興センター
小学校学習指導要領（平成29年告示）解説 理科編	文部科学省
岩波理化学辞典	岩波書店
理科年表	丸善出版
化学便覧	丸善出版

小学校理科 観察・実験 セーフティマニュアル

2020年3月30日　第1刷発行

○ 編著者　大日本図書教育研究室
○ 発行者　藤川　広
○ 発行所　大日本図書株式会社
　　〒112-0012　東京都文京区大塚3-11-6
　　電話　03-5940-8675（編集）
　　　　　03-5940-8676（販売）
　　振替　00190-2-219

印刷／製本　星野精版印刷株式会社

表紙デザイン／矢後雅代
本文・図版・イラスト／アールジービー株式会社

落丁本・乱丁本はお取り替え致します。
©dainippon-tosho 2020 Printed in Japan
ISBN978-4-477-03179-8